POMOLOGIE

FRANÇAISE.

IV.

TABLE

DES FRUITS DÉCRITS ET FIGURÉS DANS LE QUATRIÈME VOLUME.

POMMIER.

Description générique, histoire, usages et culture.

COIGNASSIER.

Description générique, histoire, usages et culture.

NÉFLIER.

Description générique, histoire, usages et culture.

AZEROLIER.

Description générique, histoire, usages et culture.

NOYER.

Description générique, histoire, usages et culture.

NOISETIER.

Description générique, histoire, usages et culture.

CHATAIGNIER.

Description générique, histoire, usages et culture.

PIN.

Description générique, histoire, usages et culture.

FIGUIER.

Description générique, histoire, usages et culture.

IMPRIMÉ CHEZ PAUL RENOUARD, RUE GARANCIÈRE, N. 5.

POMOLOGIE FRANÇAISE.

RECUEIL

DES

PLUS BEAUX FRUITS

CULTIVÉS EN FRANCE.

OUVRAGE ORNÉ DE MAGNIFIQUES GRAVURES AVEC UN TEXTE DESCRIPTIF ET USUEL,

RÉDIGÉ

PAR A. POITEAU,

BOTANISTE DU ROI, MEMBRE DES SOCIÉTÉS ROYALES D'AGRICULTURE DE LA SEINE, ETC., ANCIEN JARDINIER EN CHEF DU CHATEAU ROYAL DE FONTAINEBLEAU,
DES PÉPINIÈRES ROYALES DE VERSAILLES, DIRECTEUR DES HABITATIONS DE SA MAJESTÉ A LA GUYANE FRANÇAISE,
RÉDACTEUR EN CHEF DU BON JARDINIER.

TOME QUATRIÈME.

PARIS.

LANGLOIS ET LECLERCQ, LIBRAIRES-ÉDITEURS,

RUE DE LA HARPE, N° 81.

M DCCC XLVI.

POMMIER.

Malus. Poit. et Turp.

DESCRIPTION.

GENRE de la famille des rosacées, composé d'arbres à feuilles alternes, stipulées, et dont le caractère commun est d'avoir :

1° Un calice à cinq divisions oblongues et aiguës ;

2° Cinq pétales plus grands que le calice, insérés à son orifice ;

3° Une vingtaine d'étamines, rapprochées en gerbe, plus courtes
que les pétales, et insérées au même lieu qu'eux ;

4° Un ovaire turbiné, adhérent, surmonté d'un style simple à la
base, divisé dans le haut en cinq branches terminées chacune par
un stigmate en massue. Cet ovaire se change en un fruit charnu (appelé Pomme),
arrondi, divisé intérieurement en cinq loges cartilagineuses qui contiennent chacune
deux pepins ovales ou oblongs.

HISTOIRE, USAGES ET CULTURE.

Le Pommier croît naturellement dans les forêts de l'Europe septentrionale ; par
suite d'une longue multiplication par graine, on en a obtenu un grand nombre de variétés dont les fruits mûrissent à diverses époques et ont des qualités différentes. On
divise aujourd'hui les Pommes en douces, acides et amères ; les acides sont estimées
pour être mangées crues ou cuites ; les douces se mangent aussi, mais sont moins
estimées ; les amères ne peuvent se manger, mais elles entrent dans la confection du
cidre et donnent à cette liqueur une qualité particulière.

Les diverses variétés de Pommier ne se reproduisant pas ordinairement de graines,
on les multiplie par la greffe en fente et en écusson. Les sujets sur lesquels on les greffe
sont le Franc, le Doucin et le Paradis. Le doucin fait des arbres moins grands que le
franc, et le paradis les fait encore plus petits que le doucin ; mais il rend les fruits
plus gros que l'un et l'autre. Le Pommier aime une terre franche et fraîche ; la grande
chaleur lui est contraire. Sa culture en grand, établie au côté nord de Paris, s'étend
beaucoup moins au sud de cette capitale ; de sorte que là où la vigne ne peut plus
produire de vin passable, à cause de l'abaissement de la température, commence celle
propre au Pommier : aussi la Hollande et l'Angleterre cultivent-elles plus de Pommiers que nous.

Les Pommiers greffés sur franc forment des arbres à haute tige de plein vent, et se plantent en verger, en quinconce et le long des chemins; ceux greffés sur doucin se plantent dans les plates-bandes des jardins potagers, et se taillent en éventail ou en vase; ceux greffés sur paradis se plantent ou sur les plates-bandes ou en massif à 2 ou 3 mèt. (6 ou 8 pieds) les uns des autres, et se taillent en buisson. On voit beaucoup plus de Pommiers que de poiriers dans les campagnes pour plusieurs raisons; d'abord parce qu'il est moins délicat et qu'il vient presque partout; ensuite parce que son fruit se garde plus long-temps, plus aisément, et qu'il est d'une plus grande ressource pour l'hiver.

Pendant quarante ans les Pommiers de l'ouest et du nord de la France ont été très tourmentés par le puceron lanigère, *aphis mali*, qui causait des exostoses sur ses branches et souvent les faisait périr. Cet insecte, en se propageant, a gagné peu-à-peu les départemens plus tempérés; on l'a reconnu pour la première fois à Paris en juillet 1830, quoiqu'il y existât depuis une douzaine d'années; ensuite il s'est étendu jusqu'en Bourgogne, où il cause encore de grands ravages. Cependant il semble aujourd'hui diminuer ou disparaître des lieux de sa première invasion; on n'en voit plus dans plusieurs localités des environs de Paris où il causait de grands dommages, et il y a apparence qu'il disparaîtra tôt ou tard de notre sol. On dit qu'il a été importé de l'Amérique septentrionale. Je signale ici son passage sur nos Pommiers, comme une de ces épidémies qui, de temps en temps, viennent affliger l'espèce humaine, et qui ensuite ne se retrouve plus que dans l'histoire, tandis qu'il est d'autres insectes et d'autres maladies qui se renouvellent chaque année sur nos Pommiers et qui leur paraissent endémiques.

Il y a quelques Pommes qui affectent la forme d'une poire, et quelques poires qui affectent la forme d'une pomme; les fleurs de ces deux genres ayant aussi beaucoup de rapport entre elles, quelques botanistes ont réuni les deux genres en un seul, tandis que d'autres les tiennent séparés. Cette dissidence d'opinion vient de ce que les botanistes n'ont égard qu'aux caractères extérieurs des végétaux pour les rapprocher ou les éloigner dans leur classification; mais s'ils appelaient l'anatomie à leur secours, ils agiraient souvent différemment. Duhamel a commencé à montrer la différence qu'il y a entre l'organisation d'une Pomme et celle d'une poire: mais feu mon ami Turpin a perfectionné ce que Duhamel n'avait fait qu'ébaucher. Dans un savant mémoire lu à l'Académie le 28 mai 1838, et enrichi de superbes figures, il a fait voir les différences que je vais signaler entre les Pommes et les poires.

1° La chair de la Pomme est toute composée de cellules homogènes, grandes, contenant, outre d'autres cellules ou globules, beaucoup plus d'eau et d'air que dans les poires : c'est à la grande quantité d'air que les Pommes contiennent qu'elles doivent la propriété de pouvoir nager, tandis que les poires tombent au fond de l'eau. A volume égal, les poires sont plus lourdes que les Pommes.

2° La chair des poires est composée de cellules plus petites, et elles sont de deux sortes: les unes, formant la plus grande partie de la chair, contiennent aussi d'autres cellules ou globules, de l'eau et de l'air, mais en moindre quantité; les autres placées en partie sous la peau, où elles forment une couche pierreuse, et en partie autour des loges où elles forment le rocher, sécrètent une matière pierreuse dure; plusieurs de ces cellules s'agglomèrent en plus grosses roches entourées d'autres cellules allongées, transparentes, et qui dans les figures de M. Turpin imitent des fleurs radiées de composées. Ainsi, c'est à ces concrétions pierreuses et au peu d'air contenu dans les poires qu'il faut attribuer leur poids plus grand que celui des Pommes.

Les Pommes d'été, ou pommes tendres, se mangent à mesure qu'elles mûrissent; les autres se cueillent vers la mi-octobre. Après les avoir fait un peu se ressuyer on les place dans la fruiterie. Si par hasard elles s'y trouvaient atteintes de la gelée, il faudrait ne pas y toucher, dit Labretonnerie, elles dégèleront sans se gâter; mais si elles étaient surprises par une seconde gelée, elles seraient perdues. Une bonne serre voûtée ou une cave bien sèche, sont des endroits où les Pommes se conservent très bien.

Les Pommes crues sont un aliment salutaire, pris modérément, pour les personnes sujettes à des altérations et à des coliques bilieuses, à des digestions fougueuses, et pour celles qui sont accidentellement échauffées, pressées d'une soif opiniâtre, tourmentées de rapports nidoreux, semi-putrides. C'est une très bonne ressource contre le mauvais état de l'estomac qui suit l'ivresse.

Les Pommes crues ne conviennent pas aux estomacs faibles, glaireux, pituiteux, qui refusent les crudités; elles leur donneraient des coliques et des indigestions. Réduites en pulpes ou en cataplasme, elles amollissent les tumeurs dures, inflammatoires, et elles en apaisent la douleur. On fait entrer les Pommes dans la composition de plusieurs pommades, nom substitué à celui d'onguent chez les praticiens.

Les Pommes cuites devant le feu fournissent un aliment aussi léger qu'agréable, innocent en santé comme en convalescence. Elles sont également bonnes en compote de plusieurs façons, en marmelade, en tourte, ou sous la cloche avec un peu de beurre. La Pomme de châtaignier, qui est moelleuse et tendre, est particulièrement propre à cet usage.

La Pomme de reinette est bonne pour faire soit des pâtes, soit des confitures et de la gelée. C'est à Rouen qu'on fait la meilleure. Enfin on peut servir toute l'année sur la table des Pommes crues, cuites, en compote, en beignets, etc. On en fait sécher au four dont le goût est très agréable. Presque tous les fruits tardifs des autres genres sont peu estimables; ce sont au contraire les meilleures Pommes, les Reinettes franches, la Pastophe d'hiver qui se conservent jusqu'aux nouvelles.

La fabrication du cidre, étant un objet de grande importance et en dehors de mon sujet, je ne m'y arrêterai pas; je dirai seulement qu'en Normandie, le meilleur cidre se fait avec un mélange raisonné de Pommes douces, acides et amères.

Le bois du Pommier sert aux mêmes usages que celui du poirier : il est un peu moins dur; sa couleur est plus blanche et moins agréable : cependant les menuisiers, les tourneurs, les graveurs le recherchent également : les charpentiers l'emploient à faire des menues pièces de moulin. Celui du Pommier franc est le meilleur.

POMME DE PARADIS.

Malus nana. Poit. et Turp.

E Pommier Paradis, ou de Paradis, n'est qu'un petit arbrisseau qu'on cultive seulement pour en obtenir des sujets sur lesquels on greffe les autres espèces de Pommes afin d'avoir des arbres nains, mais qui rapportent de très gros fruits. Sa propriété de faire grossir les Pommes tient à sa petite dimension, qui ne permet pas à la sève descendante de s'écouler dans ses racines. On le multiplie de couchages et de boutures dans les pépinières, et on n'en voit guère s'élever au-dessus de 2 ou 3 mètres (6 ou 8 pieds.) Ses racines sont noirâtres et très cassantes : son tronc même produit beaucoup de protubérances qui crèvent l'écorce et s'allongent en racines pour peu qu'on favorise leur sortie : c'est ce qui fait que le Paradis reprend si bien de bouture.

Sa fleur est large de 36 à 40 millim. (16 à 18 lignes), plane, à pétales échancrées obliquement au sommet; ses étamines sont courtes, peu nombreuses, et les styles sont beaucoup plus longs qu'elles.

Les Pommes viennent ordinairement par bouquet de quatre à cinq. Elle varient peu en forme et en grosseur; elles sont quelquefois arrondies, quelquefois un peu à côtes, surtout vers le sommet où l'œil se trouve placé dans un enfoncement étroit : cet œil est fermé par les divisions du calice qui sont conniventes, presque linéaires et fort longues. La queue est menue, presque glabre, longue de 27 millim. (1 pouce). Les plus gros fruits ont rarement plus de 54 millim. (2 pouces) de diamètre sur un peu plus de hauteur.

La peau est blanche, fine, lisse, un peu luisante, marquée de points plus blancs, et se lave d'un rose léger du côté du soleil.

La chair est blanche, fine, un peu âpre, et devient promptement pâteuse ou farineuse.

Son eau, peu abondante, passe de l'acide au doux.

Les cinq loges sont de moyenne grandeur, rangées autour de l'axe qui est ordinairement déchiré et remplacé par un vide; les pepins sont bien nourris, très courts, marron clair.

Cette Pomme mûrit vers la fin d'août; elle passe vite, se range parmi les Pommes douces, et n'est pas estimée. Cependant j'ai cru devoir en montrer ici le dessin, parce que les pomologistes ne la figurent pas ordinairement, quoique tous parlent beaucoup du petit arbre qui la produit.

Pomme azerole, (en fruit.)

De l'Imprimerie de Langlois.

POMME AZEROLE.

Malus hybrida. Poit. et Turp.

QUOIQUE rien ne soit moins certain que ce Pommier soit un hybride, le professeur Desfontaine lui en a cependant donné le nom, en l'indiquant originaire de la Sibérie. C'est une espèce, botaniquement parlant, puisqu'il se reproduit de graine.

Le Pommier Azerole, ainsi nommé de ce que son fruit n'est pas plus gros qu'une Azerole, a un port très dégagé : il pousse vigoureusement dans sa jeunesse, et cependant ne devient jamais un grand arbre ; son facies le rapproche assez de notre Pommier de glace hâtif.

Ses bourgeons sont longs, jaunâtres, anguleux, très légèrement cotonneux au sommet, assez souvent couverts de ce côté par une espèce de croûte argentée.

Les feuilles sont grandes, oblongues, d'un vert tendre, nues sur les deux pages, terminées en pointe quelquefois assez longues, bordées de grandes dents inégales ; elles ont le pétiole très long, souvent rougeâtre à la base, quelquefois dans toute sa longueur, un peu pubescent dans la jeunesse, conservant rarement ses stipules dans l'état adulte. Ces feuilles sont roulées les unes sur les autres dans le bouton, comme si la nature avait voulu empêcher les botanistes d'établir des lois sans exception.

Les fleurs naissent six ou huit ensemble ; elles sont belles, d'un rose léger en dehors blanches en dedans, larges de 42 millim. (18 lig.), portées sur des pédoncules très grêles, longs de 26 à 34 millim. (12 à 15 lignes), marqués de quelques petites cicatrices causées par la chute des bractées. Le style a la colonne très courte ; ses cinq divisions sont de la hauteur des étamines et n'offrent rien de particulier.

Les fruits sont petits, très jolis, ordinairement solitaires, de forme oblongue dans la variété dessinée ici, arrondis dans un autre, pendus au bout d'une queue longue et menue ; ils conservent le calice de la fleur ; leur sommet passe du vert pâle au jaune de cire, et se fouette de rouge du côté du soleil ; le côté de la queue se couvre d'une légère fleur blanchâtre au temps de la maturité.

La chair est ferme, fine, âpre, presque aussi jaune que la peau, et son eau est très acide.

Ces Pommes mûrissent vers le 15 août, et ne sont cultivées que pour l'ornement des jardins. Leur arbre a un port très élégant et un beau feuillage; il fleurit vers le 15 avril, c'est-à-dire quinze jours ou trois semaines avant les Pommiers de verger; sa fleur répand une petite odeur douce, et sa blancheur contraste agréablement avec la tendre verdure de ses feuilles naissantes.

Pomme azerole, (en fleur)

De l'Imprimerie de Langlois.

Bouquet sc.

POMME AZEROLE.

ETTE Pomme a été publiée dans la 251ᵉ livraison. On croit être agréable à MM. les Souscripteurs en leur offrant aujourd'hui la fleur de ce petit Pommier, qui se trouve ou devrait se trouver dans tous les jardins où l'on aime à jouir des floraisons printanières. Trois très petits Pommiers ont le privilége de figurer dans les jardins comme arbres d'ornement par la beauté, l'abondance de leurs fleurs et la singularité de leurs Pommes : ce sont les *Malus hybrida*, le *Baccata* et le *Spectabilis.* Ce dernier l'emporte encore sur les autres par ses fleurs semi-doubles et plus roses.

Pomme de paradis.

Petit api

De l'Imprimerie de Langlois.

Bouquet Sculp.

POMME D'API ROUGE.

Malus apiola. Poit. et Turp.

ES Apis forment un petit groupe assez naturel et facile à distinguer parmi tous les pommiers. Ce sont des arbres de petite ou moyenne taille, très touffus, bien droits, et qui, sous la main d'un jardinier intelligent, prennent aisément les diverses formes qu'on veut leur donner. On les appelle dans quelques départemens *Pommiers de long bois*, dit Duhamel.

Les bourgeons de l'Api rouge sont nombreux, longs et menus, droits, verticaux, d'un violet brun foncé, cendrés et tiquetés de gros points. Leurs yeux sont comprimés, mais plus serrés contre le bourgeon que dans beaucoup d'autres espèces ; les écailles qui les composent sont munies de pointes divergentes.

Les feuilles sont petites, la plupart de forme oblongue, rétrécies à la base, et ayant la plus grande largeur vers la pointe, longues d'environ 8 à 9 centimètres (3 pouces), bordées de dents assez grandes, aiguës, couchées, quelquefois surdentées; elles sont d'ailleurs peu gaufrées et légèrement cotonneuses en dessous.

Le bouton à fruit est long et conique; il donne naissance à 7 ou 8 fleurs portées sur des pédoncules très courts, cotonneux; ces fleurs sont larges de 5 centimètres (2 pouces) environ; les pétales, généralement oblongs, rétrécis aux deux bouts, sont inégalement lavés de rose. Au centre des étamines, dont les anthères sont petites et d'un jaune pâle, on trouve un style à cinq divisions velues dans la plus grande partie de leur longueur.

Le fruit a environ 40 millimètres (18 lignes) de diamètre, sur 32 millimètres (14 lignes) de hauteur. L'œil est petit, placé dans un grand enfoncement bordé de saillies qui quelquefois ne s'étendent pas au-delà de la tête du fruit, et quelquefois se prolongent beaucoup plus loin et forment des côtes.

La queue est longue, plantée dans le fond d'une cavité large et profonde.

La peau est lisse, luisante, d'un rouge brun sur un fond vert avant la maturité, d'un rouge vif éclatant du côté du soleil au temps de la maturité, et blanche ou jaune très clair du côté de l'ombre.

La chair est très fine, blanche, ferme, croquante, sans marc, sans odeur et non sujette à se faner.

L'eau est douce, fraîche et agréable.

Cette jolie pomme commence à mùrir en décembre et se conserve quelquefois jusqu'en mai. Sur des arbres en plein vent et dans un terrain un peu sec, elle est moins grosse, mais plus rouge, plus croquante et d'un goût plus agréable que dans une terre grasse et humide. Comme elle supporte mieux qu'aucune autre pomme les premiers froids, on la laisse ordinairement sur l'arbre jusqu'en novembre, à moins qu'il ne survienne des gelées capables de l'endommager.

Quelques pépiniéristes croient pouvoir distinguer un gros et un petit Api rouge, mais les plus habiles ne croient pas à cette distinction. L'Api est plus ou moins gros en raison de la quantité de fruit et de la force de l'arbre.

Api Noir.

De l'Imprimerie de Langlois

Bouquet Sc.

POMME D'API NOIR.

Malus apiola nigra. Poit. et Turp.

L'API noir ne diffère de l'Api rouge qu'en ce qu'il est noir presque partout. Il a la même fermeté, la même finesse de grain et la même saveur. Il faut le goûter pour l'apprécier, et surtout ne pas le confondre avec une pomme noire du même volume, de la même forme, qui n'a aucune qualité, et que les Pépiniéristes donnent assez souvent pour lui. Dans l'une des subséquentes livraisons nous donnerons cette pomme noire, moins pour la recommander que pour montrer le moyen de ne pas la prendre pour l'Api noir.

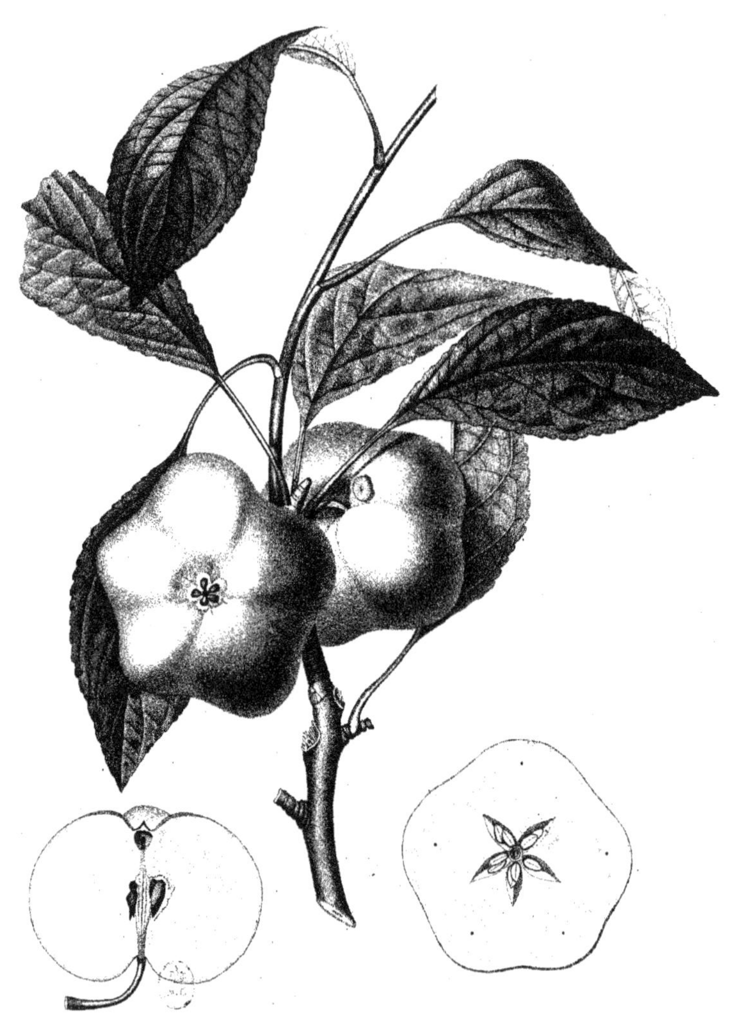

Api étoilé.

Poiteau pinx.   De l'Imprimerie de Langlois.   H. Legrand sculp.

POMME API ÉTOILÉ.

Mala appiola stellata. Poit. et Turp.

IEN peu de personnes connaissent aujourd'hui l'Api étoilé, et cependant presque tous les catalogues continuent de le relater dans leurs colonnes, sans que leurs auteurs le possèdent, ou du moins aient la preuve de son existence. Duhamel en a parlé, et cela leur suffit pour l'annoncer avec autant d'assurance que s'ils le possédaient. Pour moi, j'avoue que jusqu'en l'année 1830, je ne l'avais jamais vu, et que c'est par hasard que j'en ai découvert un pied.

On sait qu'à la révolution de 1789, les chartreux de Paris étaient depuis long-temps en réputation pour la culture des arbres fruitiers, qu'ils en faisaient un commerce très considérable, que leur établissement était le mieux assorti, et que surtout ils ne trompaient jamais les acheteurs dans les espèces qu'on leur demandait. Pendant leur prospérité, ils possédaient un grand clos aux Moulineaux sous Meudon, près Paris. C'est dans ce clos des Moulineaux, d'où il sort encore pour huit ou dix mille francs de fruit chaque année, que j'ai vu pour la première fois en 1830, un pommier d'Api étoilé dans le moment que le propriétaire faisait mettre la coignée à son pied pour l'abattre. N'ayant pu obtenir sa conservation, parce qu'il devenait nuisible à une nouvelle disposition adoptée, j'en ai pris un bon nombre de rameaux pour les greffer en fente. M. Découflé qui tenait une pépinière dans ce même enclos en a greffé aussi; de sorte qu'on doit en trouver depuis lors, au jardin du roi, chez MM. Noisette, Soulange Bodin, Jacquin et Découflé fils.

Le port, le bois, les bourgeons et les feuilles de l'Api étoilé se rapportent assez à ceux de l'Api rouge ordinaire.

Le fruit semble en général un peu plus large que l'Api rouge; il a environ 54 millimètres de diamètre, beaucoup moins en hauteur, de sorte qu'il est très aplati; mais sa singularité est d'avoir cinq angles arrondis très saillans en forme d'étoile, d'où son nom : ces parties saillantes alternent avec les loges de l'intérieur, et ne leur sont pas opposées comme on serait porté à le croire d'après la loi générale.

La peau est lisse, luisante, d'abord d'un vert très clair, et ensuite jaune; elle se lave du côté du soleil d'un beau rouge, mais moins foncé que dans l'Api ordinaire ; l'œil est petit, resserré dans une moyenne cavité légèrement bosselée ; la queue est longue de 27 millimètres, tandis que dans l'Api ordinaire elle est fort courte.

La chair est ferme, dure même, moins blanche que dans les autres Apis, mais plus acidulée.

L'eau est peu abondante.

Les loges sont grandes et contiennent de gros pepins bien constitués.

Cette pomme, très curieuse, se conserve facilement jusqu'en mai et juin. Alors elle est fort bonne, tandis que si on veut la manger pendant l'hiver, on la trouve sèche et d'une saveur peu agréable. C'est probablement cette dernière circonstance qui lui a fait une mauvaise réputation, qui en a fait négliger la culture, et qui a fait dire à Duhamel qu'elle n'avait que le mérite de se conserver jusqu'en juin. Elle a de plus la propriété d'acquérir des qualités dans la haute saison, époque où les pommes et les poires qui se conservent jusque-là, perdent la leur. Si l'on considère ensuite la belle forme inusitée et très curieuse de cette pomme, il n'est point d'amateur qui ne soit enchanté d'en posséder un arbre dans son jardin si un pépiniériste le lui offrait.

Pomme Noire.

De l'Imprimerie de Langlois.

64.

POMME NOIRE.

Malus nigra. Poit. et Turp.

OUR bien du monde, la Pomme noire et l'Api noir sont une seule et même chose, mais le pomologiste leur trouve une grande différence qu'il est utile de signaler. Tout le monde connaît l'Api rouge et ses bonnes qualités; eh bien, l'Api noir a absolument les mêmes qualités, tandis que la Pomme noire n'en a que de détestables: il est impossible de la manger. Cependant les deux arbres se ressemblent; ils ont tous les deux le caractère qui distingue les Apis de tous les Pommiers, mais ces arbres ne peuvent guère se distinguer entre eux, et le pépiniériste le plus expérimenté aurait de la peine à les déterminer. On a tâché en les figurant tous deux ici avec leurs fruits, de montrer en quoi ils diffèrent extérieurement. On voit d'abord que ces fruits ont à-peu-près la même grosseur; s'ils n'ont pas la même couleur noire, ils la prendront en mûrissant complètement; mais la Pomme noire a au sommet autour de l'œil des stries, des élévations que n'a pas l'Api; ensuite elle pourrit promptement sur l'arbre et au fruitier, et enfin elle n'est bonne ni crue ni cuite. Cependant on la rencontre toujours dans quelques jardins, par la raison sans doute que les pépiniéristes ne distinguant pas son arbre de celui qui porte l'Api noir, ils livrent l'un pour l'autre, c'est-à-dire la Pomme noire pour l'Api noir.

De l'Imprimerie de Langlois.

Puissant sculp.^t

POMME GROS BARBARIE.

Malus Capucini. Poit. et Turp.

VOICI l'un des plus forts Pommiers de la Normandie; la tradition veut qu'un capucin l'ait apporté dans cette contrée vers l'an 1760; mais on ne sait plus ni le nom du capucin, ni celui du pays où il l'avait pris.

Cet arbre se distingue par sa haute taille, par ses rameaux étalés et diffus, par ses bourgeons gros et courts, et par ses feuilles grandes et bien étoffées.

Son fruit est très gros et très beau; il est déprimé à la base et au sommet, et d'une surface égale, comme le représente le dessin ci-joint, où il est un peu plus allongé et relevé de côtes plus ou moins sensibles. Son diamètre ordinaire est de 8 à 10 centimètres (3 pouces à 3 pouces et demi), sur 7 centimètres (2 pouces et demi) de hauteur.

Sa peau est rude, épaisse, fauve, fouettée de rouge du côté du soleil, et marquée de quelques gros points blancs vers la queue.

La chair et l'eau ont de très grands rapports avec les fenouillets, et c'est assez dire qu'elles sont d'excellentes qualités. On prendrait même cette Pomme pour un très gros fenouillet si l'arbre qui la porte n'avait pas un port et des caractères tout différens. Elle est excellente à manger crue; elle se conserve très long-temps; enfin elle entre dans la confection du meilleur cidre.

Je lui conserve le nom qu'elle porte en Normandie, et j'orthographie ce nom comme je l'ai vu dans deux catalogues manuscrits communiqués par deux propriétaires des environs de Caen, d'où il est possible d'en tirer des greffes.

Je dois faire remarquer que la chair de cette Pomme noircit à l'air beaucoup plus promptement que celle des autres Pommes. C'est à la chimie à nous apprendre si cette couleur noirâtre est due à une oxidation, et quelle est la substance oxidée.

De l'Imprimerie de Langlois.

Giraud sculp.

262.

POMME PETIT BARBARIE.

Malus spumosa. Poit. et Turp.

ET arbre est d'une taille très inférieure à celle du Gros Barbarie, et il est aussi répandu que lui dans les plants de Pommiers en Normandie sous les noms de Petit Barbarie et de Grosse Moussette. Quoique plus petit que l'autre, ses feuilles sont également grandes, ovales ou oblongues, dentées et surdentées, longues de 8 à 11 centimètres (3 à 4 pouces), d'un vert foncé et un peu luisantes en dessus, blanchâtres et cotonneuses en dessous.

Le fruit est petit et peu constant dans sa forme. Les deux que représente le dessin ci-joint font connaître sa grosseur la plus ordinaire et la différence que l'on remarque le plus communément dans ses proportions. On observe assez souvent qu'il a l'œil entouré de cinq petites bosses allongées et divergentes en forme d'étoile.

La peau est dure, rude au toucher, de couleur ventre de biche, fouettée et ponctuée de rouge du côté du soleil, marquée de gros points blanchâtres dans l'ombre.

La chair est ferme, jaunâtre, d'une odeur agréable analogue à celle des Fenouillets. Il est dommage que cette chair soit un peu trop ferme, et qu'elle laisse du marc dans la bouche; cependant tout le monde la mange avec plaisir à cause de son parfum; elle noircit promptement à l'air comme le Gros Barbarie.

Cette Pomme mûrit en octobre et se conserve jusqu'en décembre; elle est une des plus estimées pour faire le bon cidre; mais on observe que lorsqu'on l'emploie seule ou qu'elle domine dans le mélange des Pommes dont on fait le cidre, ce cidre, quoique excellent, a l'inconvénient de noircir aussitôt qu'il est versé dans un verre.

Fenouillet gris.

De l'Imprimerie de Langlois.

Bouquet Sculp.

FENOUILLET GRIS.

Malus anisa. Poit. et Turp.

N désigne aussi souvent cette espèce sous le nom de Pomme d'anis que sous celui de Fenouillet gris. C'est un des plus petits pommiers; il est assez régulier, ses rameaux sont faibles, ouverts, terminés par des bourgeons étalés à 45 degrés, d'un rouge obscur, couverts d'un duvet épais et cendré, marqués de points nombreux la plupart allongés.

Les feuilles sont petites, beaucoup plus étroites que dans le Fenouillet rouge, souvent creusées en gouttière ou même en gondole, obliques à la base, terminées en pointe courte au sommet, bordées de dents inégales surdentées, ou bien le bord est quelquefois sinué; le dessous est blanchâtre et très cotonneux. Ces feuilles ont le pétiole menu, canaliculé en dessus, rougeâtres à la base et muni de petites stipules.

Chaque bouton donne naissance à six ou sept fleurs portées sur des pédoncules cotonneux, long de 18 à 25 millimètres (8 à 10 lignes). Elles sont belles, grandes, larges de 54 millimètres (2 pouces); leurs pétales sont ovales, échancrés en cœur à la base : la colonne du style est courte, mais ses cinq divisions s'élèvent au-dessus des étamines.

Le fruit est petit, arrondi, déprimé à la base et au sommet, de 54 millimètres (2 pouces) de diamètre sur un peu moins de hauteur, ayant l'œil petit, resserré et placé dans une cavité régulière, ou bordée de très petites élévations; la queue n'a quelquefois pas 2 millimètres (1 ligne) de long; alors elle est très grosse; ou bien elle est longue de 9 à 11 millimètres (4 à 5 lignes), plantée dans un évasement dont la profondeur égale la longueur de la queue.

Le fond de la peau est vert; mais elle est presque partout recouverte d'une couleur ventre de biche, plus dense à la base et au sommet que vers le milieu: il y a en outre plusieurs points plus gris qui, vus à la loupe, présentent des lambeaux de vieil épiderme desséché.

La chair, d'abord assez verte, jaunit un peu dans la parfaite maturité, elle est fine, ferme et sucrée.

L'eau est sucrée, parfumée d'anis.

Cette excellente pomme mûrit depuis décembre jusqu'en février. Son arbre est remarquable par ses petites feuilles.

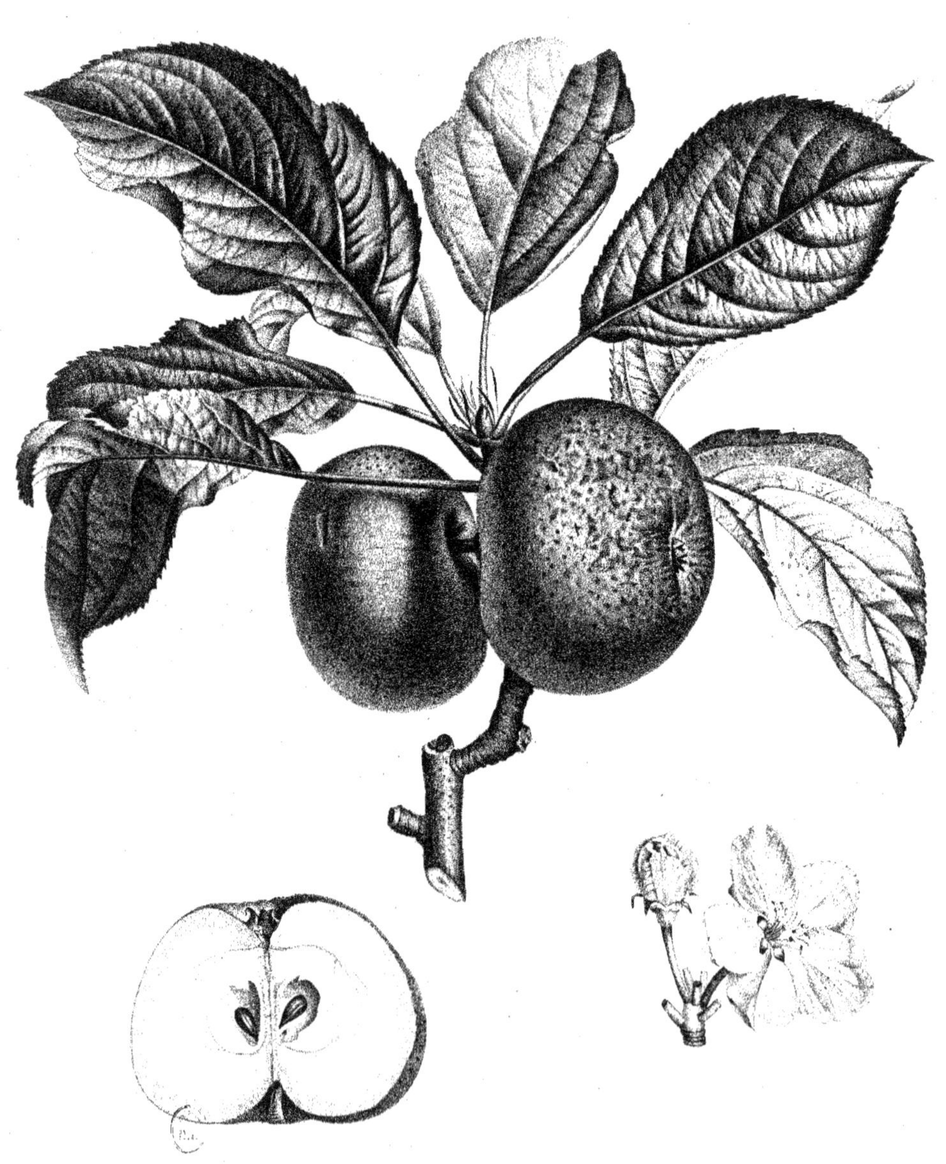

Fenouillet rouge.

POMME FENOUILLET ROUGE.

Malus Anetica rubra. Poit. et Turp.

E Fenouillet rouge est un arbre qui devient plus grand que le Fenouillet gris, et qui reste constamment plus petit que le Fenouillet jaune. Il a le caractère de sa section dans sa tige droite, presque pyramidale, et dans ses rameaux menus, très divisés.

Ses bourgeons, plus forts que ceux du Fenouillet gris, sont bronzés dans la partie supérieure, couverts d'un épais duvet cendré, marqués de beaucoup de petits points inégaux : ils ont les supports assez saillans, un peu décurrens, et les yeux comprimés.

Les feuilles sont les unes ovales, les autres de forme ovale renversé, d'un vert plus gai, plus grandes et moins creusées en gouttière que celles du Fenouillet gris, bordées de dents inégales, surdentées, et terminées au sommet par une pointe raccourcie. Elles ont de gros pétioles cotonneux, munis de stipules linéaires ou lancéolés.

Chaque bouton à fruit donne naissance à environ six belles fleurs, larges de 54 millimètres, d'un rouge violet au dehors, surtout avant leur parfait épanouissement : les étamines sont peu nombreuses, et moins hautes que les branches du style qu'elles entourent.

Le fruit est de moyenne grosseur, bien fait, très régulier et ne varie pas dans sa forme : il a environ 6 centimètres de diamètre à la base, sur 4 centimètres de hauteur et se rétrécit un peu vers le sommet, où l'œil est placé dans un petit enfoncement régulier, aplati. La queue est assez grosse et très courte.

La peau est d'un gris roux, rude, réticulé, couverte de petites lames sèches, luisantes comme un épiderme desséché : le côté du soleil est lavé ou fouetté de rouge brun, plus ou moins vif et plus maculé que le côté de l'ombre.

La chair est d'un blanc jaunâtre, très fine, ferme, et se fane dans la grande maturité comme celle des reinettes. Elle est un peu musquée dans les terrains chauds et légers, dit Duhamel.

Son eau est peu abondante, mais douce, sucrée et très agréable. Les pepins sont bruns, petits, ovales, très aplatis.

Cette excellente pomme commence à mûrir en décembre et se conserve jusqu'en mars ;
mais il ne faut pas attendre qu'elle soit ridée pour la manger, car alors elle aurait beaucoup
perdu de sa qualité, ainsi que l'observe La Quintinye, qui l'appelait *court pendu*, à cause
du peu de longueur de sa queue, et qui paraissait vouloir s'opposer à ce qu'on la nommât
Bardin, nom par lequel plusieurs pépiniéristes la désignent encore aujourd'hui.

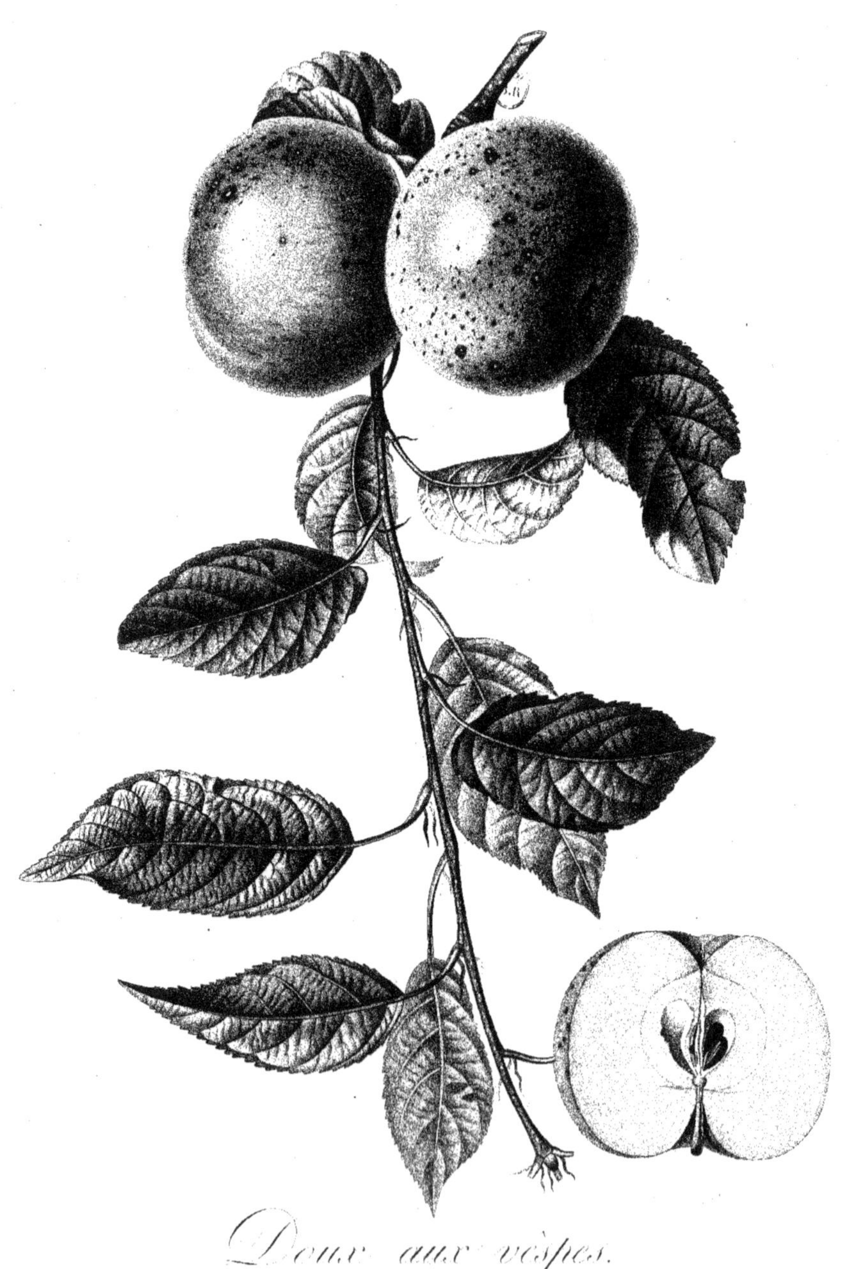

Doux aux vêspes.

De l'Imprimerie de Langlois.

Giraud sculp.

POMME DOUX-AUX-VÊPES.

Malus Vesparum. Poit. et Turp.

RIEN de plus aisé à distinguer que ce pommier au milieu de tous les autres. Les botanistes ont leur saule pleureur, leur frêne pleureur; eh bien! nous avons aussi notre pommier pleureur dans l'arbre dont je vais donner une idée: je lui aurais même attaché cette épithète, s'il était moins généralement connu en Normandie sous le nom de Doux-aux-vêpes, nom consacré par Le Berriays dans son *Traité des Jardins.*

Cet arbre est de moyenne force, très fertile, et ses branches latérales, longues et menues, pendent d'une manière particulière et remarquable. Il n'y a que celles du centre qui s'élèvent verticalement, et elles contribuent à donner une certaine grâce à tout l'ensemble.

Les feuilles sont petites, ovales ou oblongues, terminées en pointe plus ou moins longues, sensiblement gauffrées, d'un beau vert foncé et luisant en dessus, d'un blanc jaunâtre et cotonneuses en dessous, longues de 6 à 8 centimètres (2 à 3 pouces), bordées de petites dents obtuses inégales ou surdentées.

Le fruit est de moyenne grosseur, assez régulier, un peu déprimé à la base et au sommet, d'un diamètre de 6 centimètres (2 pouces 1/4).

La peau est fine, ferme, d'abord d'un vert pâle qui passe ensuite au jaune citron dans la maturité; le côté du soleil se lave d'un jaune orangé, ou se marbre quelquefois d'un assez beau rouge sur lequel se détachent de gros points inégaux et de petites taches dont le centre est blanc, la partie moyenne noire, et la circonférence d'un rouge vif: s'il y a quelques-unes de ces taches dans l'ombre, elles sont brunes.

Sa chair est blanche, souvent un peu jaunâtre, fort tendre et sans marc.

Son eau, peu abondante, est très douce, sucrée; elle est aussi quelquefois relevée d'une petite amertume que l'on trouve agréable.

Les loges sont de moyenne grandeur, et contiennent des pepins allongés.

Cette pomme commence à mûrir en septembre et se conserve jusqu'en mars, dit Le Berriays. « Elle est, dit-il encore, fort souvent attaquée des guêpes, qui la vident

« entièrement, et n'en laissent que la peau : c'est de là, sans doute, qu'elle tire son nom
« *malus vespis dulcissimum.* Il en mûrit beaucoup sur l'arbre. »

Le Berriays a remarqué une autre variété dont le fruit est plus gros, et qu'il nomme
gros Doux-aux-vêpes. Ces deux variétés ont une rare propriété ; c'est que, si leurs premières fleurs viennent à geler, elles en produisent d'autres qui amènent leur fruit à
maturité.

De l'Imprimerie de Langlois.

Gabriel sculp.

POMME DOUX JUVIGNY.

Malus illecebrosa. Poit. et Turp.

EL est le nom que cette pomme porte en Normandie. Les pépiniéristes des environs de Paris ne la connaissent pas, et probablement il se passera encore bien du temps avant qu'elle arrive sur nos tables.

L'arbre qui la produit est de moyenne grosseur : ses branches sont longues et pendantes, et ses bourgeons, à peine munis d'un léger duvet, sont cuivrés dans l'ombre et rouges au soleil.

Les feuilles sont grandes, bien étoffées, ovales-oblongues, acuminées, finement dentées et surdentées, d'un beau vert en dessus, glauques, nervées et un peu cotonneuses en dessous.

Les fruits sont ordinairement isolés, de moyenne grosseur, ovales-arrondis, ayant 2 p. à 2 p. ½ (54 à 68 millimètres) de diamètre sur autant de hauteur : ils se distinguent par cinq côtes arrondies et assez élevées qui s'étendent de la base au sommet du fruit. L'œil est petit, placé au centre d'un léger enfoncement relevé de dix bosselettes qui se prolongent plus ou moins sur la surface du fruit.

La peau, dure et lisse, est d'un fond jaune-pâle, qui se lave de rouge presque aurore du côté du soleil : elle est partout tavelée de points et de taches plus rouges, inégales, au milieu desquels sont d'autres points ou taches fauves. On remarque que la cavité dans laquelle est implantée la queue, est ordinairement tapissée d'une grande tache frangée sur les bords.

La chair est blanche, ferme, et laisse un peu de marc dans la bouche.

L'eau est abondante, douce et sucrée; cependant elle développe quelquefois dans la bouche un arrière-goût d'amertume assez prononcé, qui pourtant n'est pas désagréable.

Cette pomme mûrit, en Normandie, à la mi-septembre : elle est de la classe des pommes douces, et entre dans la confection du bon cidre, qui, comme l'on sait, se fait avec des pommes amères, des pommes acides et des pommes douces, mais mélangées dans de certaines proportions.

Fleur - d'auge.

De l'Imprimerie de Langlois.

Giraud sculp.

POMME FLEURS D'AUGE.

Malus pseudocalvilla. Poit. et Turp.

EL est le nom que cette pomme porte dans le Calvados, où l'arbre est un des plus gros et des plus fertiles pommiers que je connaisse : il a le tronc droit et l'écorce cendrée; ses rameaux se soutiennent bien et lui forment une tête ample et dégagée.

Ses feuilles sont petites, étroites, pointues, chiffonnées, d'un vert léger, bordées de dents arrondies, et fort sujettes à être dévorées par les insectes.

Le fruit de moyenne grosseur, régulier, un peu ovale, ou le paraissant seulement, car sa hauteur, qui est de 68 millim. (2 pouces 1/2), est égale à son diamètre. L'œil est petit, comprimé, placé au centre d'un évasement relevé de quelques petites côtes. La queue est menue, longue de 14 à 18 millim. (6 à 8 lignes), placée dans une cavité étroite, profonde, tapissée d'une tache fauve.

La peau, assez lisse, est d'un beau rouge cerise plus chaud que celui de la caville, et parsemée de points fauves irréguliers, d'autant plus nombreux qu'ils sont plus près de la tête du fruit.

La chair est d'un blanc jaunâtre, fine, agréable à manger, et laissant très peu de marc dans la bouche.

L'eau est douce et sucrée, mais elle a quelquefois un arrière-goût un peu revêche.

Cette pomme commence à mûrir en octobre et se conserve jusqu'en décembre. Elle se mange comme fruit à couteau, et entre comme pomme douce dans la confection du cidre.

Galet-Bayeux.

De l'Imprimerie de Langlois.

204.

Bouquet sculp.

POMME GALO-BAYEUX.

Malus normalis. Poit. et Turp.

'EST sous le nom de galo-bayeux que cette belle pomme est cultivée aux environs de la ville de Vire, département du Calvados. Elle me paraît une espèce bien distincte de toutes celles cultivées dans les pépinières aux environs de Paris, et je ne balance pas à assurer qu'elle mérite d'y occuper une place distinguée.

L'arbre qui la porte est de moyenne grandeur, d'un bel aspect et très fertile; il soutient bien ses rameaux, qui sont allongés, la plupart verticaux, régulièrement placés. Ses bourgeons sont d'un brun violet du côté du soleil, d'un vert clair dans l'ombre, tiquetés, recouverts dans la partie supérieure d'un duvet cendré; leurs consoles sont saillantes, anguleuses et décurrentes.

Les feuilles, généralement assez petites, ont, jusqu'à un certain point, l'aspect de celles de quelques pruniers; elles sont ovales-oblongues, arrondies à la base, terminées en pointe aiguë au sommet, creusées en gouttière, d'un beau vert en dessus, glauques et cotonneuses en dessous, bordées de dents extrêmement petites et nombreuses; leur pétiole n'a que de très petites stipules, caduques, et il est renflé et teint de rouge à la base.

Le fruit est gros, l'un des plus réguliers et des moins sujets à varier : plus il est gros, plus il est aplati à la base et au sommet. Quand l'arbre charge trop, le fruit reste ordinairement petit et sa forme est allongée ; il prend, année commune, environ 8 centimètres (3 pouces) de diamètre sur une hauteur de 6 à 7 centimètres (2 pouces 1/2); mais quel que soit son volume, sa coupe circulaire offre toujours une aire parfaitement ronde. Son œil est fermé, placé dans un enfoncement régulier, uni en son bord et de moyenne grandeur. La queue, courte et charnue, est insérée dans une cavité également régulière, tapissée d'une grande tache fauve bordée de longues franges.

La peau est rude, lavée presque partout de rouge assez vif sur un fond jaune, et fouettée de petites bandes ou de taches allongées plus rouges encore. On aperçoit en outre sur ce rouge de gros points fauves assez distans, et il se manifeste souvent çà et là quelques pustules rondes et noirâtres.

La chair est un peu jaunâtre, savoureuse, odorante même, et très agréable à manger quoiqu'elle ne soit pas très fine et qu'elle laisse un peu de marc dans la bouche.

Son eau est douce et sucrée.

Ce beau fruit mûrit vers le 15 septembre et se conserve jusqu'en décembre. Il est doux comme le fenouillet, mais il s'en distingue par un goût particulier difficile à définir.

C'est une des plus belles et des meilleures pommes de table. Mêlée avec une certaine quantité de pommes acides, elle fait un excellent cidre qui, mis en bouteilles, acquiert, au bout d'un an, une qualité supérieure.

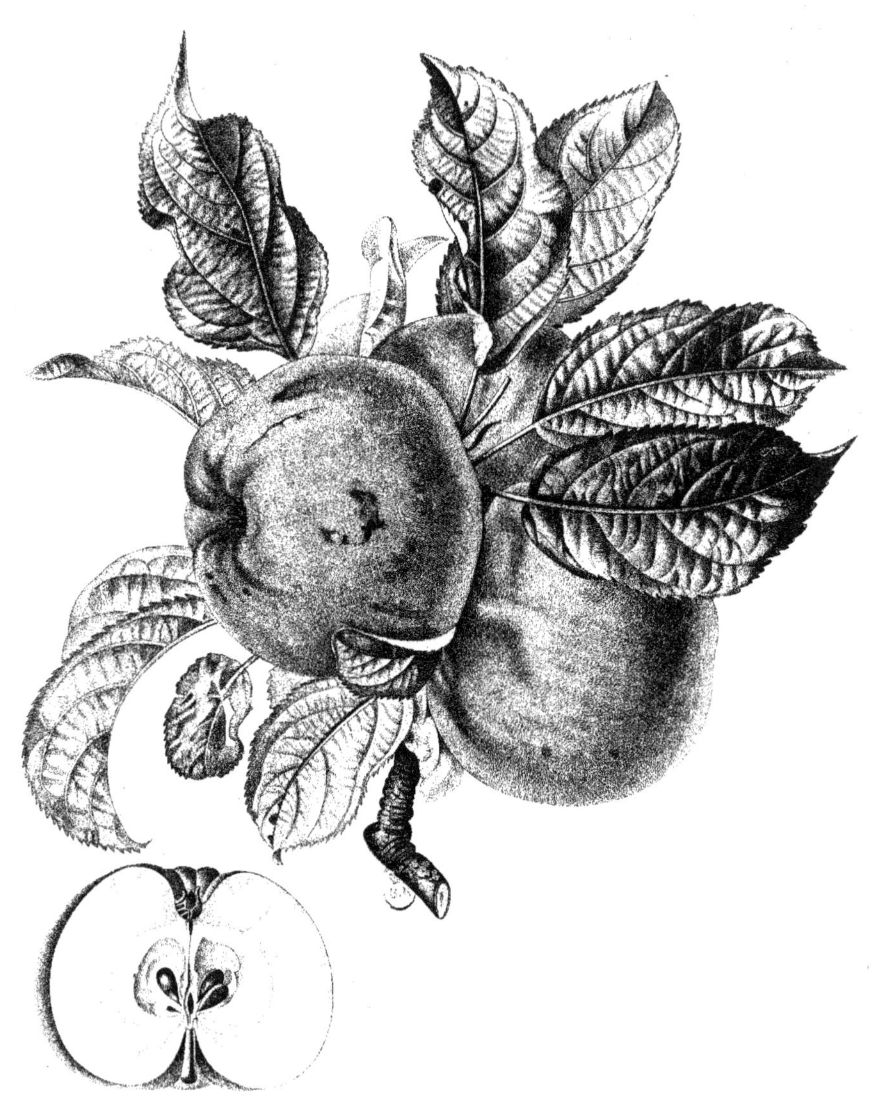

Pommes de rosée.

De l'Imprimerie de Langlois

Bouquet sculp.

POMME DE ROSÉE.

Malus roris. Poit. et Turp.

ETTE espèce est très cultivée et ainsi nommée aux environs de la ville de Vire (Calvados), et peu ou point dans le reste du département. L'arbre est de moyenne force ; ses maîtresses branches prennent une direction presque horizontale, et lorsqu'elles sont bien ramifiées, sa tête a la forme du dessus d'un parapluie ouvert. Du reste cet arbre n'a pas un bel aspect, parce qu'une partie de ses brindilles se dessèchent et meurent sur pied.

Les feuilles sont généralement petites, mais bien étoffées, de forme ovale ou allongée, d'un vert foncé en dessus, blanchâtres et drapées en dessous.

Les fruits naissent ordinairement par bouquets ; ils sont de moyenne grosseur, aplatis à la base et au sommet, relevés de cinq côtes assez sensibles qui rendent l'air de la coupe horizontale un peu pentagone. La hauteur moyenne d'un fruit est de 4 à 5 cent. (1 pouce et demi à 2 pouces), sur un diamètre de 6 à 7 cent. (2 pouces à 2 pouces et demi). L'œil est petit, resserré dans une cavité étroite et profonde, bordé de cinq côtes principales qui s'étendent sur la hauteur du fruit, et de quelques autres plus petites alternes avec les premières.

Le fruit avant d'être touché est tellement couvert de fleurs, comme le sont la plupart des Prunes, qu'il paraît d'une couleur rose tirant sur le violet ; mais en l'essuyant on voit que sa véritable couleur est d'un beau rouge cerise du côté du soleil, et d'un jaune verdâtre dans l'ombre.

La chair est tendre, jaunâtre, quelquefois un peu rose vers l'œil.

L'eau est assez abondante et très sucrée.

Les loges sont assez grandes, larges, et contiennent des pepins allongés bien nourris et de couleur marron.

Cette belle Pomme mûrit du 25 août au 15 septembre, et se conserve bonne jusqu'en octobre. Après cette époque elle se flétrit et devient pâteuse ; mais prise à point elle est excellente.

De l'Imprimerie de Langlois.

Bouquet sculp.

POMME D'ANETTE.

E Berriays est le premier auteur qui ait décrit cette pomme. Il lui a conservé le nom qu'elle porte à Avranches. Dans d'autres cantons du Calvados, elle est connue sous les noms de pomme de Poulette, pomme Puce, pomme de Mariette, pomme Teronite, pomme Truitée · ce dernier nom est très bon, puisque cette pomme est en effet marquée de taches comme une truite.

L'arbre qui la produit est d'une petite taille et d'un aspect peu élégant; il a les rameaux courts, irréguliers, quelquefois diffus, jamais pendans, de sorte que sa tête est assez arrondie, son peu de vigueur fait qu'il se trouve bientôt couvert de lichens, mais par cela même il charge beaucoup.

Les bourgeons sont d'un vert d'olive du côté de l'ombre, d'un rouge noirâtre du côté du soleil, et tiquetés de points cendrés dans la partie inférieure.

Les feuilles sont petites, ovales, terminées en pointe raccourcie, souvent chiffonnées, d'une étoffe ferme et solide, finement et inégalement dentées, d'un vert foncé en dessus, blanchâtres, cotonneuses et réticulées en dessous, longues de 6 à 8 centim. (3 à 4 pouces).

Les fruits, toujours nombreux, se trouvent souvent groupés trois, quatre ou cinq ensemble; ils sont un peu plus gros que l'Api, aplatis en dessus et en dessous, assez arrondis sur l'autre diamètre qui a de 46 à 90 millim. (20 à 24 lignes); l'œil est petit, et ses divisions sont rapprochées; la queue, longue de 11 à 14 millim. (5 à 6 lignes), et constamment munie de deux petites bractées filiformes et alternes, est placée dans une cavité étroite, profonde, doublée d'une tache brune frangée en son bord.

La peau est d'un jaune verdâtre dans l'ombre, relevée de ce côté de petites taches blanchâtres, au centre desquelles est un point brun; le côté du soleil prend un fond aurore sur lequel se peignent une grande quantité de gros points rouges inégaux, plus ou moins arrondis, et qui par leur union forment quelquefois de grandes taches d'un rouge de sang; le centre de chaque point se détache en noir.

La chair est blanche, tendre, fondante et sans marc.

Son eau est douce, sucrée, très agréable.

Cette excellente pomme mûrit en septembre et se conserve jusqu'à la fin de novembre. Elle est spécialement destinée pour la table; jamais on ne l'envoie au pressoir. Sa saveur douce et sucrée la rapproche des Apis, mais elle s'en éloigne par la tendreté de sa chair. Son arbre d'ailleurs, excepté sa petite taille, n'a aucun rapport avec ceux des Apis.

De l'Imprimerie de Langlois.   Gabriel sculp.

POMME BLANC-MICHEL.

Malus pustulifera. Poit. et Turp.

O N ne trouve rien de particulier dans le port de ce Pommier qui puisse le faire distinguer de la plupart des autres.

Il a les bourgeons petits, maigres, cotonneux, et assez triangulaires par la décurrence des supports.

Les feuilles sont ovales, pointues, d'un beau vert en dessus, blanchâtres et cotonneuses en dessous, longues de 10 à 13 centim. (4 à 5 pouces).

Les fruits viennent ordinairement par groupes; on en voit souvent trois, quatre et même jusqu'à six ensemble : ils sont de moyenne grosseur, et leur forme la plus générale est d'être un peu aplatis : ils ont communément 55 millim. (2 pouces) de diamètre sur 40 millim. (1 pouce et demi) de hauteur.

La peau est lisse, dure, d'un blanc de cire mêlé d'un peu de vert dans l'ombre, fouettée du côté du soleil de taches allongées, très rouges, inégales, et de points également rouges qui s'étendent, se réunissent et couvrent quelquefois toute la peau de ce côté. En y regardant de près, on découvre du côté de l'ombre une grande quantité de points blancs.

La chair est blanche, ferme, d'un grain un peu gros; elle a en outre l'inconvénient de laisser beaucoup de marc dans la bouche.

Son eau est abondante, mais quelquefois un peu amère.

Les loges sont grandes et contiennent de gros pepins couleur marron, bien nourris.

On mange cette Pomme en Normandie dans tout le courant de septembre. Elle n'est pas très estimée pour la table à cause de son amertume, mais en revanche elle entre avec avantage dans la confection du bon cidre.

De l'Imprimerie de Langlois.

Bouquet sculp.

POMME ROBERT DE RENNES.

Malus Robertiana. Poit. et Turp.

'EST à un voyage fait en Normandie en 1808, que nous devons la connaissance et le nom de cette espèce : nous l'avons d'abord remarquée dans le plant de M. Vante, auprès de Vire, et ensuite dans plusieurs autres endroits du Calvados, et toujours sous le nom de Robert de Rennes. Elle est évidemment de la tribu des passe-pommes, et paraît avoir de grands rapports avec celle qu'on appelle dans le pays passe-pomme tigrée ; ce sont deux espèces qui jusque-là étaient parfaitement inconnues aux environs de Paris.

Le pommier Robert de Rennes est un des plus grands arbres de son genre, très fertile, produisant ordinairement ses fruits par bottes de 5 à 8, et même jusqu'à 10. Son port est pyramidal, et présente quelque chose de celui du poirier ; il est touffu et ses branches se soutiennent bien tant que l'arbre n'est pas en plein rapport, mais lorsque enfin il charge en plein, l'extrémité de ses branches contracte une direction inclinée par le poids du fruit qui les charge tous les ans.

Ses bourgeons sont menus, d'un brun foncé au soleil, olivâtre dans l'ombre, et tiquetés de quelques points allongés éloignés les uns des autres. Les boutons à bois sont petits, comprimés contre le bourgeon ; ceux à fruit sont menus, pointus et peu duvetés.

Les feuilles sont très petites, de forme ordinairement oblongue et ondulées sur les bords terminées en pointes aiguës, finement dentées et surdentées, d'un vert gai en dessus, glauques et un peu cotonneuses en dessous.

Le fruit obtient tout au plus la moyenne grosseur, c'est-à-dire que le plus gros n'a jamais plus de 2 pouces (54 millimètres) de diamètre sur 21 lignes (48 millimètres) de hauteur. Cependant, avec ces proportions il paraît quelquefois allongé ; sa forme n'est en effet ni constante ni régulière ; son œil, légèrement enfoncé, a ses cinq divisions convergentes. La queue, assez menue et plantée dans une cavité profonde, est longue de 5 à 6 lignes (11 à 14 millimètres).

La peau est dure, d'un rouge cerise au soleil, jaunâtre dans l'ombre, flambée partout de raies et de taches allongées de rouge plus foncé, tigrée de taches blanches plus ou moins grandes qui donnent à la pomme l'aspect de certain granit ; tout cela est couvert d'une légère fleur qui disparaît par le frottement.

La chair est blanche, légèrement teinte de rose sous la peau et autour des loges : elle est plus ferme et moins fondante que celle de la passe-pomme rouge.

Son eau est aussi moins abondante que celle de la passe-pomme rouge, mais elle a le même goût et la même saveur.

Cette pomme commence à mûrir dans les premiers jours de septembre, et tombe naturellement de l'arbre en octobre. Elle est recherchée comme bonne à être mangée crue, et très estimée pour entrer dans la confection du cidre.

Amer-doux-gris.

De l'Imprimerie de Langlois.

Girard sculp.

POMME AMER DOUX GRIS.

Malus ambigua. Poit. et Turp.

A principale partie de l'art de faire le bon Cidre, consiste dans le choix et le mélange des espèces de Pommes qui le fournissent. Une seule espèce, si bonne soit-elle, ne produit jamais qu'un cidre inférieur ou qui n'est pas de garde. Il sera trop doux, ou trop fort, ou noircira si un mélange heureux de Pommes, n'était pas un juste milieu permanent entre ces extrémités; mais il est difficile, sans doute, de trouver ce juste milieu, car on n'a encore observé rien de bien fixe à ce sujet chez les fabricans de cidre de la Normandie. Ils savent que le cidre est trop sucré quand telle pomme y domine, qu'il noircit quand telle autre y entre en trop grande abondance; mais ils cultivent une infinité de Pommes dont l'influence sur la qualité du cidre est loin d'être constatée. Plusieurs cantons produisent un cidre inférieur, parce qu'on n'y cultive pas les bonnes espèces, ou qu'on y est moins éclairé que dans d'autres sur le mélange des Pommes. En général, il est probable que le nombre de Pommes à cidre est trop considérable, qu'il y en a plusieurs qui, ne pouvant donner qu'un cidre inférieur, devraient être détruites. Si les espèces étaient moins nombreuses, on les connaîtrait mieux, et les expériences sur les proportions du mélange, seraient plus aisées à faire.

De nos jours, l'Amer doux gris tient le premier rang parmi les pommes à cidre dans une partie du Calvados; c'est lui qui fournit l'amer qui retient dans de justes proportions le sucre et l'acide qui constituent le bon cidre. On ne le présente pas ici comme un fruit bon à manger crû; mais on a cru devoir faire connaître le point où s'arrêtent les Pommes qui ont le droit de paraître sur nos tables, et où commencent celles qui ne peuvent entrer que dans la fabrication du cidre.

La grosseur et la couleur de cette belle Pomme sont très bien représentées dans le dessin ci-joint qui a été fait à Vire; quant à la chair, elle est d'un grain fin, ferme, jaunâtre. Son eau est assez abondante; elle semble d'abord douce dans la bouche, mais elle développe bientôt une amertume qui la fait rejeter.

Ce beaufruit mûrit vers la mi-octobre et se conserve long-temps.

Calville blanche.

POMME CALVILLE.

Malus Calvilla alba. Poit. et Turp.

OUS avons perdu l'origine et la signification du nom de cette excellente et belle pomme. Merlet écrivait Calleville en 1600 ; un peu plus tard, La Quintinye a écrit Calville, sans dire pourquoi, et son orthographe a prévalu.

Dans l'état actuel de la pomologie, la principale qualité de la pomme appelée Calville ayant été plus ou moins reconnue dans plusieurs autres pommes, on les a réunies en un groupe sous le nom de *Calvillacées,* et celle qui m'occupe étant la plus méritante, on l'a naturellement placée à la tête de ce groupe, qui se reconnaît en ce que les pommes qui le constituent paraissent les unes peu et les autres nullement acidulées.

Lorsque le pommier de Calville blanche est greffé sur franc, il devient de la première taille, mais un peu diffus. On le greffe plus ordinairement sur Doucin et plus souvent encore sur Paradis, afin de tenir l'arbre nain et que son fruit grossisse davantage ; car la ténuité du Paradis opposant une difficulté à la descente de la sève, celle-ci est ralentie dans sa marche ; elle s'élabore davantage par son plus long séjour au-dessus de la greffe, et détermine la formation d'un plus grand nombre de boutons à fleurs et le plus grand grossissement des fruits. Aussi, est-ce une règle généralement établie que, pour qu'un pommier donne à son fruit le plus gros volume que son espèce puisse acquérir, il faut le greffer sur Paradis.

Les bourgeons de l'arbre en question sont sensiblement géniculés, et ceux exposés aux rayons du soleil prennent une teinte brune violacée ou *minime,* comme dit Duhamel.

Les feuilles sont grandes, planes, de forme ovale allongée, acuminées, d'un vert léger en dessus, glauques ou blanchâtres et réticulées en dessous, bordées de grandes dents inégales, les unes aiguës et les autres obtuses.

A la fleur, large de deux pouces sur de jeunes arbres, succède un fruit, qui, sur Paradis, atteint jusqu'à trois ou quatre pouces de diamètre, et un peu moins de hauteur ; il se rétrécit sensiblement vers le sommet, où l'œil est enfoncé entre des côtes inégales plus élevées que dans aucune autre pomme, et ces côtes se prolongent sur le fruit d'une manière très saillante jusqu'à la queue, qui est longue, menue, renflée à sa base comme dans toutes les Calvillacées, et insérée dans une cavité profonde.

La peau tient fortement à la chair, ce qui est d'un bon augure dans les pommes ; elle est fine, d'abord d'un vert blanchâtre, ensuite d'un jaune pâle, rarement colorée en rouge du côté du soleil, marquée de beaucoup de petits points blancs peu sensibles, qui, comme des pustules, se crèvent successivement, et paraissent ensuite sous une couleur brune.

La chair est blanche, fine, grenue, tendre, savoureuse, et contient une eau sucrée, relevée, légèrement acidulée.

La maturité arrive en décembre, et la pomme conserve toute sa qualité jusqu'en mai. Après cette époque, elle perd peu-à-peu sa saveur sans se flétrir ni pourrir, et reste saine souvent jusqu'en août et septembre; du moins, on en conserve quelques-unes jusqu'à cette époque. Tenue dans une bonne fruiterie à l'obscurité pendant tout l'hiver, cette excellente pomme devient d'une blancheur remarquable; mais, quand ensuite on l'expose à l'air et à la lumière, elle jaunit en peu de jours. C'est la plus précieuse pomme des tables somptueuses.

Calville Rouge.
De l'Imprimerie de Langlois.
Bouquet sc.

POMME

CALVILLE ROUGE D'HIVER.

Malus Calvilla rubra. Poit. et Turp.

E Pommier est plus fort et plus vigoureux que le Calville d'été, mais il l'est moins que les autres Calvilles. Ses branches affectent la direction horizontale.

Ses bourgeons sont effilés, assez longs, coudés à chaque nœud, peu rameux, ce qui rend l'arbre dégagé. On les reconnaît encore à leur couleur d'un brun-rouge obscur, foncé du côté du soleil. Les supports, un peu cannelés, protègent les boutons, qui sont petits, comprimés et appliqués contre le bourgeon.

Les feuilles sont grandes, ovales-oblongues, d'un vert tendre en dessus et sensiblement cotonneuses en dessous, assez planes, horizontales, terminées la plupart en pointe allongée, bordées de grandes dents inégales; elles ont le pétiole assez gros, souvent rougeâtre, légèrement canaliculé, muni de grandes stipules à la base.

Les fleurs sont larges de 18 à 20 lignes (41 à 45 millimètres), lavées de rouge assez vif.

Le fruit varie extrêmement de grosseur et de couleur; son diamètre ordinaire est de 3 pouces (81 millimètres), mais il s'en trouve qui atteignent 4 pouces et d'autres qui ne prennent que 2 pouces et demi de diamètre. En général, cette Calville est moins allongée que les autres et ses côtes sont moins prononcées.

La peau est fine, à fond jaune, fouettée d'un rouge vif du côté du soleil et d'un rouge plus faible du côté de l'ombre; quelquefois aussi il est entièrement rouge du côté du soleil, mais on distingue toujours de gros points qui se détachent en blanc ou en gris sur cette couleur rouge.

L'œil est de moyenne grandeur, resserré, légèrement enfoncé entre des côtes; la queue. longue d'un pouce (27 millimètres), assez menue, renflée à la base comme celles de toutes les Calvilles, est plantée dans une cavité en entonnoir.

La chair est grenue, tendre, blanche, un peu rouge sous la peau, quelquefois légèrement verdâtre près des loges.

L'eau n'est pas abondante, mais elle a un petit goût vineux très agréable.

Les loges sont grandes et contiennent des pepins fort allongés par en bas.

Cette Calville mûrit en novembre et décembre, et se conserve jusqu'en février.

L'âge de l'arbre, l'exposition et la nature du terrain font varier extrêmement ce fruit en grosseur, en couleur et en saveur. La planche ci-jointe le représente dans son plus bel état.

Il existe une variété de Calville rouge connue sous le nom de *Pomme grelot*, qui se reconnaît à sa forme conique très colletée, ainsi nommée parce que ses pepins, se détachant dans leurs loges, font du bruit lorsqu'on secoue le fruit; mais il n'est pas le seul qui produise cet effet; on le rencontre dans la plupart des Calvillacées et des Passe-pommes.

Calville Malingre.

POMME CALVILLE MALINGRE.

Malus ægra. Poit. et Turp.

'ARBRE qui porte ce fruit est plus fort, plus vigoureux que celui qui porte la Calville rouge. Ses bourgeons sont bien nourris, sensiblement géniculés à chaque nœud, d'un vert rouge ou violet foncé, recouverts d'un duvet épais et cendré.

Les feuilles sont planes, ovales, allongées en pointe assez longue au sommet, ordinairement arrondies à la base, d'un vert foncé en dessus, pâles et velues en dessous, bordées de dents inégales, arrondies ou aiguës; les plus grandes de ces feuilles ont jusqu'à 9 ou 12 centim. (4 à 5 p.) de long. Le pétiole est rougeâtre ou violet à la base, couvert d'un duvet blanchâtre, et muni de deux stipules falciformes.

Les fleurs sont larges de 6 cent. (2 p.), et portées sur des pédoncules cotonneux.

Le fruit, un peu plus gros que la Calville rouge ordinaire, a souvent 8 cent. (3 po.) en hauteur, et presque autant en diamètre; il est relevé de côtes saillantes, inégales, et diminue sensiblement de grosseur vers la tête, où l'œil est resserré dans un enfoncement étroit, inégal, par les côtes, qui sont très éminentes en cet endroit.

La peau est teinte d'un rouge assez foncé, mais plus obscur et moins vif que dans la Calville rouge ordinaire; elle est, en outre, fouettée de larges traits plus rouges que le reste, et l'on remarque un assez grand nombre de petits points cendrés, qui se détachent d'autant mieux que le rouge est plus vif.

La chair est fine, grenue, fondante, blanche partout, ou un peu rose sous la peau.

L'eau est douce et peu abondante.

Les pepins sont de médiocre grosseur, bien nourris, mais ils paraissent petits, parce qu'ils sont contenus dans de très grandes loges.

Lorsque cette pomme est saine, elle est aussi bonne que la Calville rouge, et quand on en possède beaucoup, on peut espérer d'en conserver jusqu'en février et mars; mais il en tombe beaucoup de l'arbre, dès le mois de septembre, qui n'atteignent pas le degré de maturité convenable; c'est pourquoi je pense qu'on a donné à cette pomme le nom de *Malingre*. C'est aussi son défaut de mollir promptement, sans doute, qui la fait bannir de beaucoup de jardins, car elle est peu connue des jardiniers.

Cœur de Bœuf.

De l'Imprimerie de Langlais.

Bouquet sculp.

POMME CALVILLE COEUR DE BOEUF.

Malus atro-rubra. Poit. et Turp.

E pommier est un des plus vigoureux Calvilles : ses branches sont grosses et longues, ses bourgeons droits presque noirs du côté du soleil, et recouverts, dans la partie supérieure, d'un duvet épais et cendré.

Ses feuilles, longues de 8 à 13 cent. (3 à 4 pouces), sont bien étoffées, ovales, quelquefois allongées, terminées en pointe raccourcie, dentées et surdentées, assez gaufrées, d'un beau vert en dessus, blanchâtres, et légèrement cotonneuses en dessous; leur pétiole se lave de rose assez vif.

Le fruit est gros, très beau, d'un diamètre de 8 cent. (3 pouces) sur autant de hauteur : il diminue beaucoup de grosseur vers l'œil, qui est grand, bien ouvert, placé au fond d'une cavité relevée de côtes assez saillantes dont les cinq principales forment, en se prolongeant, autant d'élévations sur le fruit qui le rendent plus ou moins pentagone.

La peau est épaisse, dure, d'un rouge brun noir, et recouverte d'une fleur azurée comme une prune : lorsqu'on a essuyé cette fleur, la peau reste luisante, presque noire, marquée de quelques petits points jaunes.

La chair est verdâtre, ferme, mais non croquante, un peu grossière, sans saveur agréable, et laissant du marc dans la bouche.

Son eau est assez abondante, d'un aigrelet peu relevé.

Le centre du fruit est occupé par cinq grandes loges dont les parois ont ordinairement quelques traits blancs en relief, qui proviennent de déchirures par lesquelles sort une transsudation concrétée; une partie des pepins avorte souvent.

Cette belle pomme peut se conserver jusqu'en mars : elle n'est pas bonne à manger crue, mais on en fait d'excellentes compotes; on l'estime beaucoup dans les offices. Le nom de Cœur de Bœuf est celui qu'elle porte dans les pépinières de M. Noisette.

Cœur de Pigeon.

De l'Imprimerie de Langlois.

Bocourt sculp.

POMME COEUR DE PIGEON.

Malus Colombella. Poit. et Turp.

ETTE jolie Pomme a constamment une forme conique, et se termine le plus souvent un peu obliquement au sommet où l'on trouve un léger enfoncement bordé de côtes peu saillantes, et dans le fond duquel l'œil est placé.

La peau est fine, lavée, sur un fond jaune, d'une teinte rose violacée, plus dense du côté du soleil que du côté de l'ombre, et fleurie d'une poudre légère qui produit un reflet violet analogue à celui qu'on observe sous la gorge des pigeons.

La chair est blanche, fine, délicate, cassante, quelquefois légèrement teinte de rose sous la peau.

Son eau est fraîche, très agréable, et n'a presque plus d'acidité quand le fruit est mûr.

On trouve plus souvent quatre loges que trois ou cinq au centre de ce fruit, aussi l'appelle-t-on quelquefois *Pomme de Jérusalem,* à cause de la croix à quatre branches que représentent les loges sur une coupe horizontale.

La maturité de cette belle et bonne petite Pomme arrive en octobre, et elle se conserve dans la fruiterie jusqu'en février.

Cœur de pigeon blanc.

POMME

COEUR DE PIGEON BLANC.

Malus columbella alba. Poit. et Turp.

O N rencontre ce Pommier fréquemment en Normandie, mais il est peu connu aux environs de Paris, excepté dans les collections. Cependant les qualités de son fruit ne sont pas moins bonnes que celles du Cœur de Pigeon rose, et il ne mérite pas moins la préférence sur beaucoup d'autres que nous cultivons avec soin. Sa peau reste toujours d'un blanc jaunâtre; et on ne trouve ordinairement que quatre loges dans son intérieur. L'époque de sa maturité est la même que celle du Cœur de Pigeon rose ou rouge.

Gros Pigeonnet.

De l'Imprimerie de Langlois.

Bouquet sculp.

POMME GROS PIGEONNET.

Malus columbina. Poit. et Turp.

L E gros Pigeonnet est un arbre d'une moyenne vigueur et d'un port pyramidal, dans sa jeunesse seulement; car on sait que dans un âge avancé tous les pommiers ont la tête plus ou moins hémisphérique.

Ses bourgeons sont effilés, légèrement géniculés, lavés d'un brun violet du côté du soleil, et recouverts dans le haut d'un épais duvet cendré.

Les feuilles sont très petites, chiffonnées, creusées en gouttière, oblongues, terminées en pointe, bordées de dents assez grandes et aiguës; la face supérieure est d'un vert ordinaire; l'inférieure est blanchâtre et cotonneuse.

Les fleurs, au nombre de six ou sept à chaque bouquet, sont bien arrondies, très régulières, creusées en soucoupe dans leur plus grand développement, et à peine lavées de rose.

Le fruit est le plus beau et le plus gros des pigeonnets: sa forme est allongée ovée; il a communément 8 centim. (3 pouces) de hauteur sur 6 centim. (2 pouces) de diamètre; l'œil a ses divisions convergentes, et il est placé dans une cavité étroite peu profonde, bordée de petites côtes inégales, tandis que la queue, grosse, courte et bien nourrie, s'insère dans un enfoncement conique tapissé d'une grande tache fauve.

La peau est fine, marquée partout de points cendrés, jaune dans l'ombre, lavée d'un beau rouge du côté du soleil, et fouettée de raies inégales plus rouges encore: le tout est adouci par une fleur bleuâtre répandue sur le fruit.

La chair est blanche, cassante, assez fine.

Son eau est abondante, d'un aigrelet fin et très agréable.

Les loges varient en nombre depuis trois jusqu'à cinq: il arrive aussi quelquefois que l'axe commun se trouve détruit par la force de la végétation, et que les loges se confondent en une seule.

Les pepins sont longs, d'un brun noirâtre et très aigus.

Ce beau fruit mûrit en octobre et se conserve jusqu'en novembre.

Pigeonnet de Rouen.

De l'Imprimerie de Langlois.

Bouquet Sc.

POMME PIGEONNET DE ROUEN.

Malus Rhotomagensis. Poit. et Turp.

ES Pigeonnets sont ainsi nommés, parce qu'en regardant ces fruits dans un certain sens et les faisant tourner, ils paraissent changer de couleur comme la gorge d'un pigeon. Ces Pommes ont de grands rapports avec les calvilles et les passe-pommes, et paraissent être le chaînon qui unit ces deux groupes ensemble.

Le Pigeonnet de Rouen est un arbre de moyenne taille, peu rameux, et dont les branches se soutiennent assez bien.

Ses bourgeons sont petits, redressés, un peu géniculés, légèrement pubescens, d'un roux cendré; ils ont les yeux comprimés, assez longs.

Les feuilles sont ovales, longues de 81 à 108 millimètres (3 à 4 pouces), terminées en pointes plus ou moins aiguës, d'un vert gai en dessus, blanchâtres et velues en dessous, bordées de dents en scie.

Il sort de chaque bouton à fruits cinq ou six fleurs assez ouvertes, lavées d'un léger rouge-violet en dehors, portées sur des pédoncules cotonneux, longs de 14 à 18 millimètres (6 à 8 lignes); elles ont le style velu à l'endroit où il se divise en cinq branches.

Le fruit est plus allongé et varie moins dans sa forme que les autres Pigeonnets : il serait presque conique s'il ne se rétrécissait pas un peu à la base ; sa surface a des élévations et des abaissemens qui la rendent irrégulière, et il est quelquefois si comprimé que sa coupe horizontale décrirait un ovale. Un beau fruit a 68 millimètres (2 pouces 1/2) de hauteur, sur 54 millimètres (2 pouces) de diamètre; l'œil est verdâtre et un peu pubescent, très petit, resserré dans un léger enfoncement, et entouré de beaucoup de petites côtes. La queue, longue de 18 à 23 millimètres (8 à 10 lignes), est menue et plantée d'un moyen enfoncement.

La peau est fine, lavée et fouettée d'un rouge violacé, vif du côté du soleil, jaune dans l'ombre où l'on remarque des bandes d'un rouge plus ou moins foncé; elle a encore quelques points qui se détachent en gris sur le rouge, et en brun sur le jaune. Cette peau quitte aisément la chair dans la grande maturité, ce qui est ordinairement un signe de médiocrité dans une pomme.

La chair est un peu jaune, fine et grenue.

Son eau est peu abondante et pas assez relevée.

Les loges sont grandes et contiennent des pepins de moyenne grosseur, bien nourris, terminés en pointe raccourcie à la base.

Cette belle Pomme se conserve jusqu'en mars. Il est à regretter que son eau manque des qualités qui constituent un bon fruit. On la voit fréquemment sur les marchés de la capitale. Je lui conserve le nom qu'elle porte au Jardin-des-Plantes. Duhamel et le Berriays n'en parlent pas, et elle ne figure pas, du moins sous ce nom, dans le catalogue de la pépinière du Luxembourg, imprimé en 1809.

Pafse-pomme rouge.

De l'Imprimerie de Langlois.

Rouquet sculp.

POMME PASSE-POMME ROUGE.

Malus Passipoma. Poit. et Turp.

E pommier de Passe-pomme est un arbre d'un beau port qui forme une tête arrondie, et dont les rameaux se lavent de violet obscur du côté du soleil.

Ses feuilles sont belles, grandes, ovales ou obovales, terminées en pointe plus ou moins longues, d'un beau vert foncé en dessus, cotonneuses et d'un vert clair en dessous, bordées de dents fines et surdentées; elles ont le pétiole long d'un à deux pouces (3 à 6 centimètres) un peu renflé à la base et garni de deux petites stipules filiformes.

Les fruits, assez souvent groupés trois ou quatre ensemble, varient beaucoup de forme et de grosseur, ils sont ovales, ou plutôt en cœur raccourci, élargis à la base et un peu tronqués au sommet; quelquefois assez arrondis à la circonférence, quelquefois anguleux comme les calvilles et diversement comprimés. On en voit souvent de moins gros que ceux figurés ici, mais on en voit aussi de plus gros; ceux du dessin ont environ deux pouces et demi (environ 7 centimètres), sur chaque diamètre; ils diminuent en s'arrondissant de la base au sommet, qui ordinairement est relevé de cinq côtes principales, entre lesquelles on en remarque d'autres plus petites; l'œil est petit et resserré entre les côtes; la queue, grosse et bien nourrie, verdâtre même dans la maturité, renflée à son insertion avec le fruit, est logé dans un enfoncement étroit ou évasé, égal en son bord.

La peau est épaisse, d'un beau rouge vif partout où le soleil peut l'atteindre, et marquée de raies également rouges qui s'étendent plus ou moins sur le fond jaune persistant du côté de l'ombre; elle a en outre plusieurs gros points jaunes qui lui donnent un air tigré, surtout lorsqu'on essuie la fleur légère qui la recouvre.

La chair est fine, tendre d'un beau blanc, légèrement teinte de rose auprès des loges et sous la peau, elle se cotonne promptement dans la maturité. Les dix grosses fibres de sa charpente sont aussi d'un rouge remarquable.

Son eau est abondante, agréablement acidulée, et imprégnée d'une douce saveur de violette.

Les loges sont grandes et contiennent des pepins allongés, aigus d'un bout, arrondis de l'autre, bruns ou presque noirs. On trouve des loges qui renferment trois pepins.

Cette pomme mûrit en août et se conserve jusqu'à la fin de septembre. Cueillie quinze jours ou trois semaines avant sa maturité, elle fait d'excellente compote.

Le caractère essentiel de cette Passe-pomme consiste en de gros points jaunes au centre et blanchâtres à la circonférence, répandus sur sa peau, et que l'on aperçoit mieux quand on a enlevé la fleur qui les cache.

On donne généralement le nom de Passe-pomme à une section des calvillacées dont les fruits mûrissent de très bonne heure, et précèdent les autres pommes.

Passe-pomme blanche.

Du l'Imprimerie de Langlois.   Bouquet sculp.

POMME PASSE-POMME BLANCHE.

Malus passipoma alba. Poit. et Turp.

DUHAMEL a mentionné cette Passe-Pomme, mais ne l'a pas décrite. L'arbre qui la porte pousse avec vigueur, et se reconnaît de loin parmi ses congénères, au ton et à la forme de ses feuilles. Ses bourgeons sont gros, d'un violet foncé vers la base, blanchâtres et cotonneux dans la partie supérieure.

Les feuilles sont belles, d'une forme très allongée, bordées de dents inégales et obtuses, d'un vert foncé en dessus, blanchâtres et cotonneuses en dessous.

Le fruit est le plus souvent de forme conique, long de 5 à 6 centim. (22 à 24 lig.) sur 4 centim. (18 lig.) de diamètre dans sa plus grande épaisseur. L'œil est comprimé, placé dans une petite cavité entourée de dix bosselettes inégales, assez saillantes, qui, lorsqu'elles se prolongent sur le fruit, rendent sa coupe transversale plus ou moins pentagone. La queue est menue, cotonneuse.

La peau est d'un fond blanc de cire tirant sur le jaune; le côté du soleil devient couleur de chair et se fouette de raies tronquées souvent assez rouges, et l'on observe partout des gros points jaunes éloignés les uns des autres, comme dans la Passe-Pomme rouge.

La chair est blanche avec un petit œil verdâtre, fine, tendre, cassante, rarement colorée sous la peau.

Son eau a la saveur de la Passe-Pomme rouge, mais à un moindre degré.

Les loges sont petites, et contiennent des pepins noirs, obliques, bien nourris.

Cette variété est d'une qualité inférieure à la Passe-Pomme rouge, et mûrit en même temps.

Belle fleur.

De l'Imprimerie de Langlois.

Bouquet Sculp.

POMME BELLE-FLEUR.

Malus butigliana. Poit. et Turp.

ETTE pomme, inconnue à Duhamel, est cultivée depuis plus de 5o ans dans les pépinières de MM. Noisette, sous le nom de Belle-Fleur. On dit même que c'est M. Noisette père qui l'a trouvée dans la forêt de Senar. A l'inspection du dessin ci-joint, on voit qu'elle se range naturellement entre les Calvilles et les Pigeonnets. L'arbre qui la porte a aussi parfaitement l'air de famille particulier à cette petite tribu. Ses bourgeons sont effilés, olivâtres dans l'ombre, bruns au soleil, tiquetés de points fauves, et garnis vers le sommet d'un duvet blanchâtre fort épais; ils ont les supports peu saillans, les yeux petits et comprimés.

Les feuilles sont grandes, de forme ovale-allongée, terminées en pointe, creusées en gouttière, d'un beau vert en dessus, blanchâtres et cotonneuses en dessous, bordées de grandes dents inégales et surdentées, portées par des pétioles cylindriques dans la partie supérieure, renflés et lavés de rouge à la base, où l'on trouve deux petites stipules.

Les fleurs sont larges d'environ 4 centimètres, assez roses, réunies au nombre de cinq à six sur chaque bouquet, et portées sur de courts pédoncules; elles ont les divisions calicinales étroites, très longues, aiguës, réfléchies, et les pétales ovales, oblongs et concaves. Les étamines n'offrent rien de remarquable, et le style qu'elles entourent est cotonneux seulement à l'endroit où il se divise en cinq branches.

Le fruit est gros, de forme allongée, du moins en apparence, beaucoup plus épais vers la queue que vers la tête, d'environ 9 centimètres de hauteur, sur presque autant de diamètre à la base, légèrement anguleux, parce qu'il y a autour de l'œil cinq petites côtes qui, en grandissant et en s'allongeant jusqu'à l'autre bout, rendent sa surface presque pentagone. L'œil est placé dans un enfoncement étroit, bordé par les petites côtes dont il vient d'être parlé. La queue, longue de 18 à 23 millimètres, est plantée dans une cavité étroite et profonde.

La peau est épaisse, lisse, d'un jaune faible, tiquetée de points verdâtres dans l'ombre, et même assez souvent flambée de rouge de ce côté, mais celui du soleil est constamment lavé de rouge et fouetté de bandes nombreuses plus rouges et plus vives encore.

La chair est d'un grain fin et serré, sans marc, blanche presque partout, mêlée seulement d'un petit œil verdâtre sous la peau, auprès des loges et autour des grosses fibres de la charpente.

Son eau est agréablement acidulée.

Les plus gros fruits sont ordinairement sans graines, parce qu'alors la force de la végétation ayant fait rompre et diviser l'axe qui unissait les cinq loges, les lacérations qui en résultent ne permettent plus à la nourriture d'arriver jusqu'aux pepins. Dans ce cas on voit au centre du fruit une grande cavité pentagone, formée par les cinq loges réunies, et qui occupe un tiers de son diamètre; mais ce désordre n'a pas lieu dans les fruits petits et de médiocre grosseur; ceux-ci ont leurs cinq loges bien distinctes et deux pepins dans chaque loge.

Cette excellente et belle pomme, bien supérieure aux Passe-Pommes, aux Pigeonnets et à plusieurs Calvilles, mûrit en septembre et octobre, et peut se garder jusqu'en mai; mais alors elle a perdu sa saveur, sa chair est devenue cotonneuse, et sa couleur blanche est remplacée par une teinte jaunâtre.

J'ai connu dans ma jeunesse une pomme sous le nom de Boutigné qui ressemblait beaucoup à celle-ci, si ce n'est la même; alors elle serait assez ancienne, et n'aurait pas été trouvée dans la forêt de Senar à la fin du siècle dernier, comme l'on dit.

Pomme de finale.

Poiteau pinx.   De l'Imprimerie de Langlois.   Giraud sculp.

295.

POMME DE FINALE.

Malus Caroli. Poit. et Turp.

N 1810, Gallesio, l'auteur du *Traité du Citrus*, se trouvait à Paris, et aucune de nos Pommes ne lui paraissant aussi bonne qu'une certaine espèce de son pays, il en fit venir une caisse qu'il distribua à différentes personnes; et comme à cette même époque je m'occupais sérieusement de fruits, j'eus part à cette distribution en qualité d'amateur et d'ami. Cette Pomme m'a paru, en effet, d'une excellence rare, et je l'ai fait entrer dans le *Traité des Arbres Fruitiers*, en 6 vol. in-fol. que feu Turpin et moi faisions alors au compte de M. T. Delachausse, éditeur, lequel ouvrage est passé dans la maison Levrault, puis dans celle de Langlois et Leclercq, libraires rue de la Harpe, chez lesquels on le trouve aujourd'hui.

Selon Gallesio, cette Pomme est estimée et très recherchée en Italie, où on la nomme quelquefois Pomme de Charles, et plus généralement Pomme de Finale, nom d'une ville du pays de Gênes, dans les campagnes de laquelle on la cultive plus particulièrement. Elle varie considérablement de forme, de grosseur et de couleur, comme on peut le voir sur la planche ci-jointe; mais elle diminue constamment de grosseur vers la tête, où il y a un enfoncement étroit, bordé de quelques côtes, au fond duquel se trouve l'œil, qui est fort petit et toujours fermé. La queue, longue et menue, est logée dans une cavité étroite et profonde.

La peau est d'abord presque blanche, lisse, fine, et cependant très forte. Le côté du soleil se lave d'un rouge clair sur lequel on remarque quelques points jaunes. Elle reste dans cet état jusqu'en novembre et décembre: alors il s'y manifeste par ci par là des taches rousses qui s'étendent et se multiplient peu-à-peu, et très lentement, jusqu'à ce que la Pomme soit devenue presque toute rousse, ce qui arrive en mai et juin.

La chair est blanche, extrêmement fine, fondante et d'un parfum délicieux.

Son eau est agréablement acidulée.

Les loges sont petites ou de moyenne grandeur, ayant ordinairement l'axe qui les unit déchiré et remplacé par une cavité; elles contiennent chacune deux pepins courts, comprimés, couleur marron.

Les taches qui se manifestent et se multiplient sur la peau ne doivent donner aucune inquiétude; elles ne sont pas un signe de pourriture, et ne descendent jamais dans la chair. Voici un fait qui prouve combien cette excellente Pomme est de longue garde.

Avant la révolution, Gallesio envoyait tous les ans par mer des Pommes de Finale en Portugal dans des caisses à compartimens, de façon que chaque Pomme se trouvait isolée dans sa case et enveloppée de papier; on renvoyait chaque année les caisses vides, parce qu'il aurait été trop coûteux d'en faire continuellement de nouvelles. Une année, en nettoyant une de ces caisses pour la remplir de nouveau, on trouva une Pomme de l'année précédente, qui avait été oubliée dans le déballage en Portugal, et qui était revenue parfaitement saine et fort bonne à manger.

Gallesio m'avait promis de m'envoyer des greffes de cette Pomme, mais il est mort sans avoir rempli sa promesse. Il serait assez facile de se la procurer en France, à Paris, en s'adressant aux marchands Génois qui, chaque année, viennent dans nos principales villes vendre des orangers, des jasmins d'Espagne et autres plantes.

Reinette naine.

POMME REINETTE NAINE.

Malus pumila. Poit. et Turp.

ETTE espèce est extrêmement singulière par sa petite taille et par la grosseur de ses rameaux, quoique très courts. Duhamel dit même que ce pommier, étant greffé sur paradis, égale à peine un pied de giroflée. La comparaison de Duhamel me semble un peu forte; mais je puis assurer que je n'ai jamais vu un pied de Reinette naine aussi haut que moi.

Le bois de ce pommier est gros et court; ses bourgeons atteignent rarement de 20 à 3o centimètres de longueur, et n'ont pas moins de 7 à 10 millimètres (3 à 4 lignes) de diamètre. Ils sont d'ailleurs géniculés, couverts d'un duvet épais, et leurs yeux sont très rapprochés.

Les feuilles sont, en conséquence, aussi très rapprochées, raides, creusées en gouttière, pointues, arquées en arrière, épaisses, d'un vert foncé en dessus, drapées en dessous, longues de 6 à 13 centim. (2 à 5 pouces).

Les fleurs naissent en bouquets de 4 à 6, portées sur de gros et très courts pédoncules cotonneux. Une fleur ouverte a de 34 à 40 millimètres de diamètre; et ce qu'elle a de particulier, c'est que ses cinq styles sont velus dans toute leur longueur.

Le fruit est de moyenne grosseur, allongé, renflé du côté de la queue, rétréci en cône tronqué du côté de la tête, haut de 65 millim. (3o lignes), relevé de côtes, très sensible du côté de la tête, où il y a un enfoncement étroit, dans lequel se trouve l'œil, qui est petit, très comprimé. La queue est fort grosse, fort courte et très cotonneuse.

La peau est d'un vert clair, marquée de points plus verts, peu visibles à l'œil nu, et quelquefois d'autres points rougeâtres; le côté du soleil se lave rarement d'un rouge faible obscur.

La chair est d'un blanc verdâtre, d'un grain fin, et devient un peu cotonneuse dans la maturité.

Son eau est acidulée et relevée d'un petit goût de sauvageon, qui n'est pas à son avantage.

Les loges sont grandes, et ont leur axe commun souvent déchiré; elles contiennent des pepins longs, très pointus et bien nourris; leur amande est un peu amère.

Cette pomme mûrit en février et mars.

On peut cultiver ce petit singulier pommier par curiosité, mais non pour le mérite de son fruit.

Reinette de Bretagne.

POMME REINETTE DE BRETAGNE.

Malus britannica. Poit. et Turp.

E pommier est d'une taille médiocre et se prête aisément aux diverses formes qu'on veut lui faire prendre. Greffé sur doucin, il donne abondamment du fruit. Ses bourgeons, fortement géniculés à chaque nœud dans la jeunesse, sont d'un vert roussâtre, tiqueté de points allongés et grisâtres, couverts d'un duvet poudreux cendré.

Les boutons à bois sont blanchâtres, comprimés, pressés contre le bourgeon; ceux à fruit sont également blanchâtres pendant l'automne et l'hiver, mais au printemps, leurs écailles prennent une légère teinte rouge.

Les feuilles sont ovales, terminées en pointe raccourcie, inégalement dentées, d'un vert foncé en dessus, blanchâtres et garnies en dessus d'un duvet épais sur les nervures qui se teignent d'une assez belle couleur rouge dès les premiers jours de l'automne; celles de la base des bourgeons ont de 108 à 135 millim. (4 à 5 pouces) de longueur; les supérieures sont ordinairement plus petites. La pétiole est constamment rouge à la base.

Les fleurs sont larges de 34 à 41 millim. (15 à 18 lignes), blanches en dedans et d'un rose violet en dehors.

Le fruit étant comprimé à la base et au sommet, a plus de largeur que de hauteur; il a souvent 81 millim. en diamètre sur 54 en hauteur. L'œil est placé dans un enfoncement assez large, uni en son bord ou relevé de petites côtes. La queue ordinairement grosse et courte, est rarement aussi longue et aussi menue qu'on la voit à l'une des pommes du dessin ci-joint. Elle est plantée dans un enfoncement plus évasé que celui de l'œil.

La peau est rude au toucher, d'un fond jaune dans la maturité, marquée d'une grande quantité de taches rousses inégales qui, souvent par leur réunion, cachent une grande partie de la couleur naturelle du fruit. Le côté frappé du soleil est d'un rouge plus ou moins foncé.

La chair est blanche, fine, cassante, très odorante.

L'eau est abondante, sucrée, relevée, moins aiguisée d'acide que dans d'autres reinettes.

Cette pomme mûrit en novembre et décembre. Elle est mise au rang des bonnes reinettes; il est à regretter qu'il en pourrisse quelquefois un certain nombre sur l'arbre avant la saison de les cueillir.

Reinette du Canada.

Poiteau Pinx.   De l'Imprimerie de Langlois.   Bouquet Sc.

POMME REINETTE DU CANADA.

Malus Canadensis. Poit. et Turp.

U temps de Merlet, cette belle Pomme portait le nom de Reinette d'Angleterre; au temps de Duhamel, la Pomme Golden pippin des Anglais recevait en France le nom de Reinette d'Angleterre; ce dernier auteur crut donc devoir ajouter l'épithète *grosse* à la Pomme de Merlet et la désigner sous le titre de grosse Reinette d'Angleterre, pour la distinguer du Golden pippin; ainsi le mot Canada ne se trouve ni dans Merlet ni dans Duhamel, ni dans le Berryais son contemporain.

Il ne faut pas croire que la Pomme, généralement connue aujourd'hui sous le nom de Reinette du Canada, soit originaire du Canada, ni même qu'elle nous soit parvenue de ce pays. Les cinq lignes de Merlet la caractérisent suffisamment pour la faire reconnaître, et comme cet auteur écrivait au xviie siècle, qu'il n'y avait pas encore très long-temps que les Européens s'étaient établis dans l'Amérique du nord, qu'on n'a trouvé aucune bonne Pomme dans ce pays, que celles qui y sont aujourd'hui, proviennent de celles d'Europe qu'on y a successivement transportées et où elles ont de suite dégénéré en se reproduisant de graines, qu'il faut plusieurs générations à une variété de bonne Pomme dégénérée pour reproduire d'autres bonnes variétés, que même jusqu'à présent nous n'avons encore reçu de l'Amérique aucune Pomme, née dans le pays, possédant les qualités qui constituent un excellent fruit, je suis amené à conclure que la Pomme en question n'est pas originaire du Canada, qu'on lui en a donné le nom, ou par ignorance de celui qu'elle portait, ou par spéculation en la présentant comme une nouveauté dans le but d'en tirer profit. Ces petites supercheries ont encore lieu aujourd'hui, et il n'y a pas grand mal lorsque le fruit, bien ou mal nommé, se trouve être de bonne qualité; mais c'est un véritable mal lorsqu'un pépiniériste fournit un mauvais fruit sous un nom en réputation.

L'origine de la Pomme qui m'occupe n'a probablement pas été plus enregistrée que celle de mille autres fruits dont nous ne connaissons ni l'âge ni le lieu de naissance; mais je puis constater ici qu'elle existait dans le xviie siècle sous le nom de Reinette d'Angleterre, et que ce ne fut qu'après Duhamel, c'est-à-dire après 1782, qu'on lui a donné généralement le nom de Reinette du Canada.

Le Pommier qui porte ce beau fruit est vigoureux, et, greffé sur franc, il forme un très bel arbre assez fertile; cependant on le greffe plus souvent sur doucin pour en obtenir des fruits plus gros, et sur paradis pour les obtenir encore plus gros. Ses feuilles sont fort grandes, planes, acuminées, bordées de grandes dents aiguës. Sa fleur, plus large que dans la plupart des autres espèces, est légèrement rose en dehors et blanche en dedans.

Sur franc, cette belle Pomme n'atteint guère que neuf pouces de circonférence; sur doucin elle en obtient dix et onze; sur paradis on en voit dont la circonférence mesure jusqu'à quinze pouces. Sa hauteur est toujours beaucoup moindre que sa largeur; sa queue est grosse, courte, enfoncée dans une large cavité; son œil est grand, également enfoncé, entouré de côtes saillantes qui s'étendent sur la périphérie, et contribuent à la rendre irrégulière. La peau, d'abord d'un vert léger, toujours piquetée de petits points gris et quelquefois de gros points roux, devient d'un jaune clair à l'époque de la maturité quand la Pomme a pu atteindre toute sa grosseur, autrement elle ne jaunit pas et se ride davantage à la maturité; le côté du soleil rougit un peu à bonne exposition. La chair est d'un blanc jaune, moins ferme et moins acidulée que dans les autres Reinettes, c'est-à-dire que l'eau qu'elle contient est plus douce; aussi est-elle préférée par les personnes qui n'aiment qu'une légère acidité.

Duhamel accuse cette belle Pomme d'être un peu sujette à se *cotonner*, expression hyperbolique et cependant usitée en pomologie, faute de mieux, comme une expression naturelle. La vérité est que la chair de la Reinette du Canada a le tissu lâche, moins serré et moins ferme que dans les autres Reinettes; qu'à la maturité elle fléchit sous le doigt qui la presse, mais elle ne se cotonne pas. Son tissu peu serré la rend très légère comparativement à son gros volume, et cette légèreté, dont Duhamel ne parle pas, n'avait pas échappé à Merlet. Dans l'arrière-saison elle se tache quelquefois, et ces taches, toujours petites, ne dégénèrent pas en pourriture.

La Reinette du Canada tient un rang distingué parmi les bonnes Pommes; elle figure avec avantage dans les desserts depuis décembre jusqu'à la fin d'avril, et c'est un mérite qui la fait justement rechercher.

J'ai cru devoir ajouter à la figure ci-jointe, la coupe verticale d'un ovaire pour rappeler que, dans les Pommes, les cinq styles sont soudés en une colonne dans une partie de leur longueur, caractère essentiel pour distinguer botaniquement les Pommiers des Poiriers, ces derniers ayant les cinq styles libres dans toute leur longueur.

Reinette grise.

De l'Imprimerie de Langlois.

Bessin sculp.

169

POMME REINETTE GRISE.

Malus leucophœus. Poit. et Turp.

RBRE vigoureux, de moyenne grandeur, étalé et soutenant assez mal ses branches. Ses bourgeons sont olivâtres dans l'ombre, d'un brun violet au soleil, duvetés et légèrement tiquetés.

Les feuilles, longues de 3 à 5 pouces (9 à 10 centimètres), sont ovales, terminées en pointe raccourcie, ondulées, dentées et surdentées, d'un beau vert foncé et assez lisses en dessus, blanchâtres et cotonneuses en dessous. Elles ont le pétiole long de 20 à 24 lignes (47 à 54 millimètres), un peu renflé à la base, à peine canaliculé, et conservant rarement ses stipules.

Chaque bouquet est composé de cinq ou six fleurs larges de 18 lignes (4 centimètres), bien ouvertes, assez roses, portées sur des pédoncules de moyenne longueur; elles ont les divisions calicinales aiguës, réfléchies et rougeâtres à l'extrémité, les pétales oblongs, peu ou point concaves, les étamines courtes, la colonne du style assez longue, nue à la base, cotonneuse seulement où elle se divise en cinq branches plus hautes que les étamines. Les fleurs ont peu d'odeur.

Le fruit est de moyenne grosseur, déprimé à la base et au sommet, haut de 2 pouces (54 millimètres), sur 2 pouces et demi (68 millimètres) de diamètre à la base. Sa circonférence est rarement régulière, un côté étant souvent plus gonflé que l'autre. Il y a au sommet un évasement étroit assez régulier au fond duquel l'œil est placé. La queue, toujours cotonneuse, souvent très courte, quelquefois longue de 6 à 8 lignes (14 à 18 millimètres), est plantée au fond d'une cavité régulière et profonde.

La peau et d'un gris roux sur un fond d'abord verdâtre qui jaunit un peu dans la maturité, couverte d'un épiderme desséché, divisé par petites plaques sèches et scarieuses, quelquefois assez brillantes vues à la loupe, et qui la rendent dure au toucher. Entre ces petites plaques rousses, on distingue le fond de la peau qui est vert dans l'ombre et jaunâtre du côté du soleil.

La chair est fine, ferme, un peu verte. Exposée à l'air, elle roussit promptement.

L'eau est abondante, sucrée, relevée d'un aigrelet qui la rend très agréable.

Les loges sont petites et contiennent des pepins comprimés, aigus.

41

Cette excellente pomme se conserve jusqu'en juin. Son eau sucrée et relevée d'un acide très fin, la fait préférer par quelques personnes à la Reinette franche. Cuite, elle convient aux malades.

On dit que si l'on l'applique cuite et très chaude sur une partie rasée d'un cheval, le poil qui repoussera sur cette partie sera blanc.

Reinelle d'Angleterre hâtive.

Turpin pinx.   De l'Imprimerie de Langlois.   Bouquet sculp.

POMME

REINETTE D'ANGLETERRE HATIVE.

Malus pronumila - angustiana. Poit. et Turp.

 N cultive cette pomme en Normandie, surtout aux environs de Vire (Calvados), sous le nom de *Pomme d'Aoûtage*, parce qu'elle mûrit dans le mois d'août. En l'examinant avec attention, on lui trouve tant de rapport avec la Reinette d'Angleterre de l'ancienne école du Luxembourg et du Jardin-des-Plantes, qu'elle en est évidemment une variété; mais elle en diffère cependant par le temps de la maturité, par sa grosseur et ses qualités; en ajoutant à celle dont il est question, l'épithète *hâtive*, ses rapports avec la Reinette d'Angleterre seront faciles à vérifier.

Cette pomme est le produit d'un arbre vigoureux, très ramifié, dont les feuilles varient considérablement en grandeur: elles sont bien étoffées, de forme oblongue, arrondies à la base, aiguës au sommet, d'un beau vert luisant en dessus, blanchâtres et cotonneuses en dessous, bordées de dents inégales, aiguës et couchées.

Le fruit est très gros: il a de 8 à 9 centimètres (3 pouces à 3 pouces ½) de diamètre, sur un peu moins en hauteur, ayant souvent un de ses demi-diamètres plus élevé que l'autre, un peu anguleux par des côtes qui partent de l'œil, et s'étendent à sa surface: la queue, longue de 14 à 26 millimètres (6 à 12 lignes), est plantée dans une cavité étroite et profonde, ordinairement tapissée d'une grande tache brune frangée en son bord.

La peau est épaisse; elle passe du vert pâle au vert jaunâtre dans la maturité, et se lave, du côté du soleil, d'un rouge clair très faible, sur lequel on remarque une infinité de petites taches plus rouges, tandis que dans l'ombre il se manifeste d'autres taches qui se détachent en blanc, au centre desquelles paraît un point brun.

La chair est ferme, d'un grain assez gros, tirant un peu sur le vert.

L'eau, d'abord peut-être un peu trop acidulée, devient sucrée dans la parfaite maturité; mais alors la chair a perdu un peu de sa qualité.

Les pepins sont allongés, aigus à la base, et placés dans de très grandes loges.

Cette belle pomme commence à mûrir dans le courant d'août, et peut rester sur l'arbre jusque vers la fin de septembre : elle n'est pas très délicate, et peu de personnes la mangent crue ; mais on l'estime beaucoup en compote.

Comme les noms des fruits varient d'une province à l'autre, les personnes qui voudraient se procurer celui-ci peuvent le demander à Vire (Calvados), sous le nom de Pomme d'aoûtage.

Reinette blanche hâtive.

De l'Imprimerie de Langlois.

POMME

REINETTE BLANCHE HATIVE.

E conserve à cette pomme le nom qu'elle porte au potager de Versailles, quoique je ne doute pas qu'elle ne soit celle que Duhamel nomme *Vrai drap d'or;* 1° parce qu'elle a les caractères des Reinettes: 2° parce que les cultivateurs que j'ai consultés la nomment Reinette; 3° parce que le nom de Drap d'or lui convient moins qu'à plusieurs autres pommes, et qu'il peut induire en erreur les personnes qui s'occupent de la nomenclature des fruits.

L'arbre qui la produit est vigoureux, droit, porte bien ses branches, et forme une belle tige de plein vent.

Ses bourgeons sont gros, géniculés un peu rougeâtres, poudrés en gris, marqués de points allongés d'un blanc cendré.

Les feuilles sont ovales ou oblongues, aiguës, bordées de grandes dents inégales, d'un vert assez foncé en dessus, blanchâtres et munies en dessous d'un duvet qui se détache aisément par le frottement, longues de 8 à 13 centimètres (3 à 4 pouces).

Les fleurs naissent ordinairement au nombre de six sur chaque ombelle; elles sont un peu concaves, larges de 5 centimètres, assez rosées, portées sur des pédoncules cotonneux.

Le fruit varie un peu en grosseur, mais sa forme est constante: il est un peu allongé, plus étroit au sommet qu'à la base, d'une surface égale, haut de 6 à 9 centimètres (2 à 3 pouces). L'œil est placé dans une grande cavité évasée, plus régulière que dans les autres pommes; la cavité de la queue est encore plus grande que celle de l'œil.

La peau est fine, solide, lisse, d'abord verdâtre, passant ensuite au blanc de Calville, puis au jaune tendre, mais non au jaune d'or mat, comme le dit Duhamel; elle est tiquetée de petits points verdâtres, réguliers, n'a jamais de taches, si ce n'est quelquefois à la naissance de la queue.

La chair est blanche, avec un petit œil verdâtre, d'un grain très fin.

L'eau est d'abord très acidulée ; elle s'adoucit ensuite, et devient très agréable ; mais alors la chair est un peu farineuse.

Cette pomme commence à mûrir vers le milieu d'août et se conserve jusqu'à la fin d'octobre. Lorsqu'elle commence à paraître sur les marchés sa couleur est encore verte, et elle ne se ride pas comme les autres Reinettes ; mais quand elle a atteint un grand degré de maturité, elle se tache et pourrit.

Reinette jaune hâtive.

De l'Imprimerie de Langlois

Bocquet Sc.

POMME REINETTE JAUNE HATIVE.

Malus prasomila lutea præcox. Poit. et Turp.

A Reinette jaune, la Reinette dorée et la Reinette blanche sont trois arbres vigoureux, et non de moyens arbres comme le dit Duhamel. Il est assez difficile de les distinguer quant au port; cependant il me semble que la Reinette jaune hâtive a ses rameaux constamment plus ouverts que les autres.

Ses bourgeons sont d'un rouge brun comme ceux de la Reinette dorée, gros, tiquetés de petits points gris, arrondis, inégaux : les supports, médiocrement élevés, un peu décurrens, soutiennent des boutons très comprimés et blanchâtres.

Les feuilles sont de grandeur ordinaire, épaisses, fermes, d'un vert foncé en dessus, pulvérulentes en dessous, la plupart creusées en cuiller, bordées de dents inégales et aiguës.

Le fruit est de moyenne grosseur et paraît allongé, quoiqu'il n'ait pas plus de hauteur que de grosseur à la base; ses deux diamètres sont ordinairement de 54 à 68 millimètres (2 po. à 2 po. 1/2), mais l'épaisseur diminue sensiblement en montant vers l'œil qui est dans un enfoncement étroit, assez creux, bordé de petites élévations. Ce fruit, vu debout ou en raccourci, a des côtes élevées ou des angles arrondis qui en forment un polygone régulier. La queue, grosse et courte, est plantée dans un évasement uni plus grand que celui de l'œil.

La peau, d'un fond jaune doré dans la maturité, montre d'abord des points roux assez gros, puis dans différens endroits d'autres points infiniment plus petits, plus nombreux, et qui par leur rapprochement forment des taches grises, interrompues, comme percées, et laissant voir le jaune de la peau dans leurs interstices : le sommet du fruit est ordinairement plus chargé de ces espèces de taches que le reste.

La chair est fine, assez ferme; elle a un petit œil jaunâtre et se fane au temps de la maturité.

Son eau est abondante, très agréable, et, si je ne me trompe, plus acidulée que dans la Reinette dorée.

Les pepins sont petits, comprimés, aigus à la base, et contenus dans de grandes loges arrondies.

Cette excellente Pomme mûrit en octobre et novembre. Je lui trouve toutes les qualités de la Reinette dorée. Sa plus grande différence, selon moi, ne consiste que dans l'époque de sa maturité.

Reinette jaune tardive.

335

POMME

REINETTE JAUNE TARDIVE.

Malus prasomila lutea serotina. Poit. et Turp.

ETTE espèce ne paraît pas être multipliée par les pépiniéristes, mais elle se trouve dans plusieurs plantations de la Normandie, avec beaucoup d'autres espèces inconnues dans les pépinières de Paris.

L'arbre a un beau port et soutient bien ses rameaux.

Ses feuilles sont grandes, ovales, oblongues, aiguës, étoffées, d'un beau vert, bordées de grandes dents.

Le fruit est constant dans sa forme et sa grosseur; il est presque cylindrique, comme tronqué à la base et au sommet, haut de 6 centimètres sur 7 de diamètre. L'œil et la queue sont placés dans de larges évasemens.

La peau est jaune long-temps avant la maturité du fruit, et piquetée de points roux.

La chair est blanche, ferme et très fine.

Son eau à l'acidité des bonnes Reinettes.

Les pepins sont noirs, assez gros; l'axe des loges est souvent divisé.

Cette très bonne Reinette se conserve jusqu'en janvier; mais on est porté à la manger avant sa parfaite maturité à cause de la couleur jaune de sa peau.

Grosse Reinette rouge tiquetée.

De l'Imprimerie de Langlois.

Bouquet Sc.

POMME

GROSSE REINETTE ROUGE TIQUETÉE.

Malus punctata. Poit. et Turp.

'AI cru devoir ajouter l'épithète *grosse* au nom de cette belle Pomme pour la distinguer d'une autre qui est également rouge et tiquetée, mais beaucoup plus petite et d'une autre qualité. Celle que je vais décrire est le fruit d'un grand arbre fertile, dont les bourgeons sont gros, bien nourris, ponctués, verdâtres dans la partie inférieure et légèrement lavés de rouge dans la partie supérieure; ils ont les supports larges, cannelés, les boutons courts et comprimés.

Les feuilles sont oblongues, rétrécies à la base et au sommet, d'un vert assez gai, bordées de grandes dents aiguës.

Les fleurs ont près de 54 millimètres (2 pouces) de largeur; leurs pétales sont ovales-allongés, froncés ou chiffonnés et lavés de rose sur les bords : les étamines sont conniventes au centre de la fleur et laissent à peine voir le sommet des stigmates.

Le fruit a une forme assez constante, mais il varie beaucoup en grosseur; il acquiert souvent 9 à 11 centimètres (3 à 4 pouces) de diamètre sur quelques lignes de moins en hauteur. Celui d'un jeune arbre greffé sur franc et même sur doucin est moins gros et moins coloré; son plus grand diamètre est vers la queue, qui est assez longue, plantée presque à fleur dans une fossette étroite, selon moi, large et profonde, selon Duhamel; l'œil est placé dans un évasement égal en son bord, ou quelquefois relevé de côtes peu sensibles.

La peau est épaisse, non luisante, d'abord d'un vert sale qui passe au jaune obscur dans la maturité; mais alors le côté du soleil s'est lavé d'une forte teinte de gros rouge sur lequel se détachent des points cendrés ou jaunâtres, très gros, quelquefois étoilés; ces derniers se trouvent dans l'ombre et se détachent en gris.

Cette peau recouvre une chair blanche, un peu verdâtre, qui se fane dans la maturité, et qui a le grain gros, peu serré, mais bien fondant.

L'eau est abondante, agréablement acidulée, excellente. Les loges sont petites et contiennent rarement des pepins parfaits. Ce beau fruit, que plusieurs jardiniers désignent sous le nom de *Reinette de Caux*, mûrit en décembre. Il mérite d'être moins rare, quoiqu'il soit au-dessous de la Reinette franche et de quelques autres Reinettes.

111

Pomme d'Or.

POMME D'OR.

Malus gratissima. Poit. et Turp.

E nom de cette Pomme est la traduction de l'anglais *gold pippin*. Ce nom lui a été probablement donné pour sa belle couleur ; mais elle le mérite aussi par sa qualité supérieure à toutes les Pommes connues.

L'arbre qui la porte est d'une petite taille, assez droit, et très fertile. Ses bourgeons, ordinairement rougeâtres, cendrés, velus, à peine géniculés, suivent d'assez près la ligne verticale. Leurs boutons ou yeux sont très petits, comprimés, marqués d'une tache puce sur le dos, entièrement cachés sous la base des pétioles.

Les feuilles des bourgeons sont ovales, terminées en pointe bordées de dents aiguës et inégales, d'un vert gai en dessus, blanchâtres et velues en dessous ; celles des bourses sont plus étroites et quelquefois plus longues.

Un bouton à fruit donne naissance à 4 ou 6 fleurs roses en dehors, blanches en dedans, ouvertes, larges de 4 à 5 centimètres (1 po. et demi à 2 po.)

Le fruit est le moins gros, le plus régulier et le meilleur de toutes les Reinettes, à la section desquelles il appartient. Il a ordinairement 5 centim. un quart de diamètre (2 po.) sur un peu moins de hauteur ; mais j'en ai vu de plus gros, et Duhamel lui assigne un volume plus considérable.

La peau est partout d'un beau jaune, légèrement lavée de rouge du côté du soleil, ce qui donne de l'éclat au jaune. On remarque sur cette peau trois espèces de tache : d'abord beaucoup de petites lignes grisâtres, tortueuses, dirigées en travers sur la pomme ; puis des points ronds, assez gros, peu nombreux moins apparens que les lignes ; puis enfin quand le fruit est bien exposé au soleil, il y a de plus quelques taches inégales d'un rouge de sang plus ou moins foncé.

La chair est ferme, d'un blanc jaunâtre, et se fane dans la grande maturité.

L'eau est abondante, sucrée, très relevée.

Les loges toujours petites, contiennent des pepins bien nourris, qui deviennent gris de lin en séchant, et sur lesquelles je n'ai jamais aperçu les points d'or que supposent y exister ceux qui traduisent *gold pippin*, par pepins dorés.

Duhamel regardait avec raison cette excellente Pomme comme la meilleure des Reinettes. Il est à regretter qu'elle ne soit pas plus grosse, et qu'elle ne se conserve pas aussi long-temps que la Reinette Franche.

Pomme Princesse.

de Lithographie de Langlois.

POMME PRINCESSE.

Malus princeps. Poit. et Turp.

UHAMEL n'a pas connu cette pomme. En 1809, on l'a enregistrée dans le catalogue de la pépinière du Luxembourg, sous le nom de Princesse noble, comme si toutes les princesses n'étaient pas nobles.

L'arbre qui la produit est d'une taille médiocre, assez irrégulier, et peut-être le pommier dont l'écorce se gerce et se crevasse le plus promptement.

Ses bourgeons sont vigoureux, cendrés géniculés, tiquetés de gros points gris, les uns ronds, les autres allongés. Les boutons sont petits, comprimés, marqués d'une tache puce sur le dos.

Les feuilles sont ovales, allongées en pointe au sommet, bordées de dents surdentée s souvent aiguës, quelquefois arrondies, d'un vert assez foncé en dessus, pâles et velues en dessous, longues de 80 à 108 millimètres, munies de points noirs le long de la nervure médiane. Le pétiole, long de 27 à 40 millimètres, est pubescent, légèrement canaliculé, renflé et violet à la base où il y a deux stipules foliiformes. Les feuilles des bourses sont ordinairement plus étroites, et ont un pétiole plus long que celle des bourgeons.

Les boutons à fruits sont assez allongés, peu gonflés.

Les fleurs ont environ 40 millimètres de diamètre, à pétales ovales, creusés en cuiller, lavés d'une teinte rose en dehors.

Le fruit est de moyenne grosseur, ayant au plus 80 millimètres de diamètre sur 68 millimètres de hauteur, attaché par une queue assez menue, longue de 14 millimètres, plantée dans une cavité peu profonde, très évasée, unie en son bord. L'œil est petit, verdâtre, placé dans un léger enfoncement bordé de petites côtes inégales. Les étamines desséchées restent dans son intérieur.

La peau est fine et se détache aisément de la chair; elle devient d'un beau jaune du côté de l'ombre, et le côté du soleil se couvre d'abord de traits rouges dirigés de la base au sommet, et ensuite les intervalles se lavent peu-à-peu de la même couleur, mais moins dense; de plus, des points bruns irréguliers ou des lignes tortueuses se manifestent sur tout ce rouge.

La chair est fine, d'un blanc jaunâtre, excellente; elle se flétrit un peu dans la grande maturité.

L'eau est peu abondante, mais sucrée, agréable.

Les loges sont grandes ; beaucoup de pepins avortent ; ceux qui persistent sont longs, comprimés ou anguleux, de couleur marron qui se change promptement en gris de lin par la dessiccation.

Cette excellente pomme mûrit en octobre et se conserve jusqu'en janvier. Il faut l'associer aux Reinettes dont elle est une des meilleures espèces et pas assez multipliée.

La belle Hollandaise.

De l'Imprimerie de Langlois.

POMME BELLE HOLLANDAISE.

Malus batavica. Poit. et Turp.

LES pépiniéristes vendent depuis long-temps cette pomme sous le nom de reinette de Hollande; mais je me crois en droit de lui refuser l'épithète de reinette, parce qu'elle n'a pas le caractère des pommes qui portent et méritent ce nom.

La belle Hollandaise est rare dans les jardins, probablement à cause de la médiocrité de sa qualité. Les deux plus beaux arbres de son espèce que je connaisse, sont à Ville-d'A-vray, dans les pépinières de M. Godefroy. Ils paraissent âgés de 4o à 5o ans, et ne fleurissent jamais avant la mi-mai, c'est-à-dire quinze jours ou trois semaines après tous les autres pommiers, de sorte que leurs fleurs ont le précieux avantage de n'être jamais endommagées par les gelées tardives du printemps, et qu'on peut espérer d'en obtenir du fruit tous les ans.

Les bourgeons sont d'une force médiocre et d'un rouge brun poudreux, garni de feuilles oblongues, d'un vert léger en dessus, blanchâtres et pulvérentes en dessous, inégalement dentées en scie, portées sur des pétioles couverts de duvet et rouges à sa base.

Chaque bouton donne naissance à 4 ou 6 fleurs blanches ou à peine teintes du rose le plus léger, larges de 4 à 5 centimètres, portées par des pédoncules cotonneux, longs de 3 centimètres, munies de bractées linéaires; elles ont les pétales oblongs, rétrécis, à la base en un onglet long et velu; le style est glabre à la base, velu dans son milieu où il se divise en cinq branches nues terminées en stigmate capité.

Le fruit que représente le dessin ci-joint, est un des plus gros et plus colorés; il a 8 centimètres de diamètre sur 7 de hauteur : on le trouve communément plus petit; mais il conserve toujours la même forme. Sa queue, grosse et courte, est plantée dans un enfoncement considérable, uni en son bord; l'œil est également très enfoncé et entouré de petites côtes.

La peau est épaisse, d'abord assez blanche, marquée de points gris peu nombreux, et passe au jaune clair en mûrissant; elle se lave quelquefois de rouge du côté du soleil et se détache aisément de la chair.

Celle-ci est blanche, tendre, grenue, sans saveur et devient promptement cotonneuse.

L'eau est peu abondante et à peine acidulée.

Les pepins sont courts, bien nourris, couleur de marron, et contenus dans de grandes loges.

Cette belle pomme commence à mûrir en novembre et se conserve jusqu'à la mi-janvier : il est fâcheux que sa qualité ne réponde pas à sa beauté.

De l'Imprimerie de Langlois.

U. Legrand sculp.

POMME DE VIOLETTE EYRIÈS.

Malus violacea Eyriesii. Poit. et Turp.

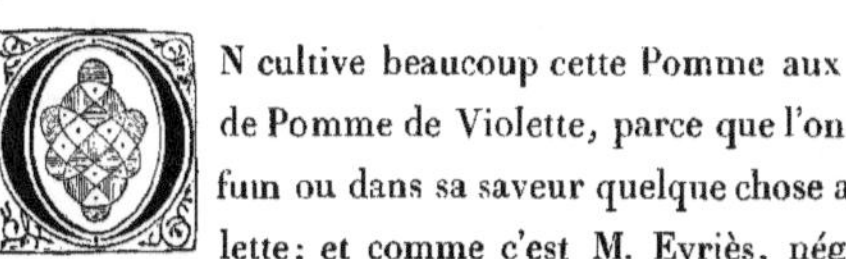

N cultive beaucoup cette Pomme aux environs du Havre, sous le nom de Pomme de Violette, parce que l'on croit reconnaître dans son parfum ou dans sa saveur quelque chose approchant de l'odeur de la violette; et comme c'est M. Eyriès, négociant de cette ville, qui la fait connaître à Paris, on a cru devoir ajouter son nom à celui qu'elle possédait déjà. C'était d'ailleurs une nécessité, car nous possédons depuis long-temps une Pomme Violette (ainsi nommée de sa couleur) qui appartient, ainsi que celle-ci, à la section des *Calvillacées;* on aurait pu prendre l'une pour l'autre sans cette distinction dans les noms.

Les feuilles de l'arbre sont de moyenne grandeur, ovales, les unes obtuses, les autres aiguës, d'un vert gai et luisant en dessus, pâles et légèrement cotonneuses en dessous, bordées de dents inégales, arrondies sur les unes, aiguës sur les autres.

Le fruit est de moyenne grosseur, plus ou moins allongé, mais toujours conique, haut de 54 à 75 millim. (24 à 30 lig.), sur un peu moins en diamètre. Son œil est resserré dans une cavité étroite, peu profonde, légèrement bosselée, et les divisions calicinales sont conniventes; la queue, variable en grosseur et en longueur, est dans une cavité évasée, nue ou tapissée d'une tache grise frangée en son bord.

La peau, mince et lisse, passe du vert clair au jaune clair dans la maturité; elle est piquetée de points roussâtres, qui quelquefois, mais rarement passent, au rouge du côté du soleil, et deviennent plus larges que du côté de l'ombre.

La chair est blanche, très fine, fondante, sans marc, et répand dans la bouche un parfum très agréable.

Son eau est sucrée, peu abondante.

Les loges sont très grandes, et contiennent les plus petits pepins que je connaisse; ils se détachent souvent dans leur loge, et rendent un petit bruit lorsqu'on secoue le fruit.

La maturité de cette excellente pomme arrive en octobre et novembre.

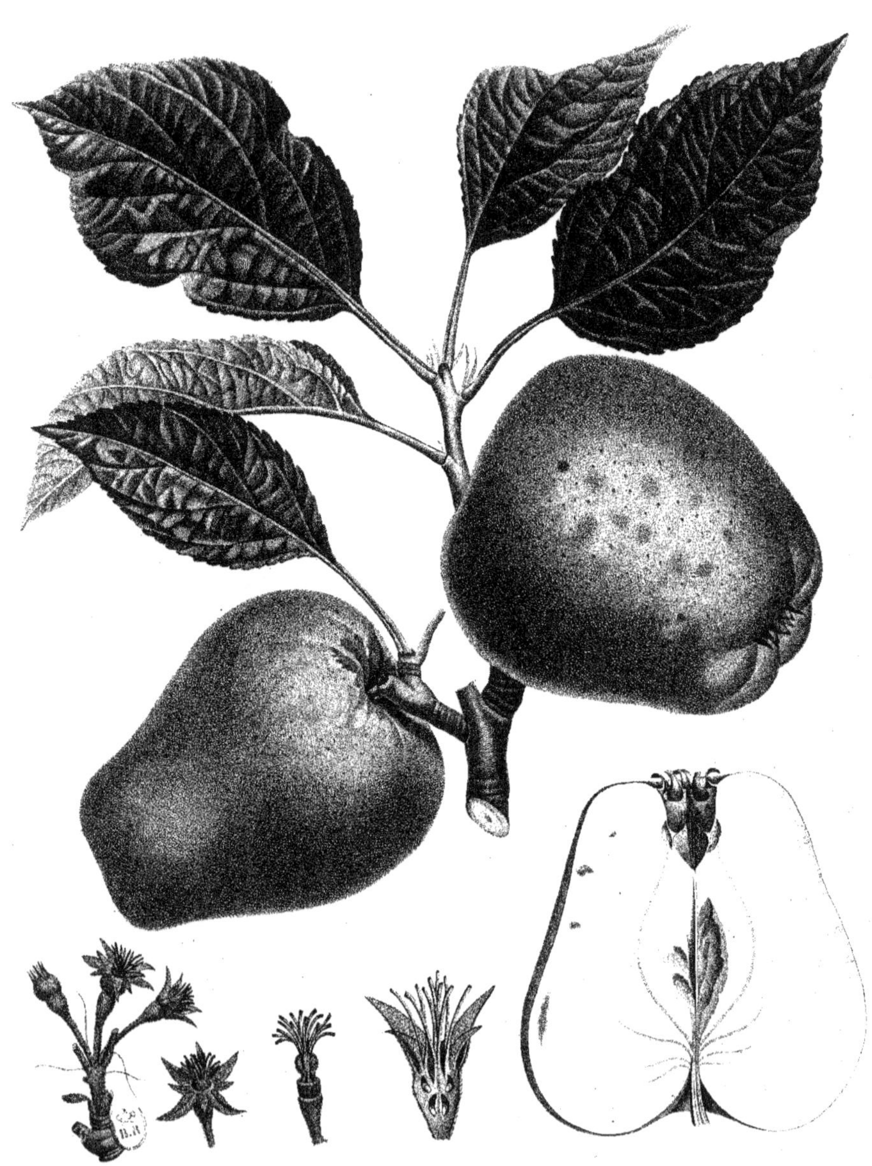

La Pomme Figue.

POMME FIGUE.

Malus apetala. Poit. et Turp.

DE temps en temps on entend raconter des histoires plus ou moins amusantes sur ce Pommier par des personnes qui, ne connaissant pas l'essence d'une fleur, croyent qu'il en est dépourvu parce qu'il manque de pétales, et s'évertuent pour expliquer comment un arbre qui ne produit pas de fleurs peut produire des pommes. Mais ces personnes se trompent ; cet arbre produit des fleurs munies de pétales : si elles ne les voyent pas, c'est qu'ils restent petits et verts comme les folioles du calice avec lesquelles ils alternent comme font tous les pétales. Il y a pourtant une chose remarquable dans cette fleur, et une structure dans son ovaire qui ne se rencontrent sur aucun Pommier : d'abord la fleur est unisexe; elle manque absolument d'étamines; ses styles sont triplés, c'est-à-dire qu'ils sont au nombre de quinze au lieu d'être au nombre de cinq, selon l'ordre naturel; ensuite les loges dans l'ovaire sont disposées sur deux rangs au lieu de l'être sur un seul. Voilà des anomalies qui doivent exciter l'attention des botanistes plus que des pétales qui ont diminué leur dimension, augmenté leur consistance et changé de couleur.

Le fruit est allongé, de moyenne grosseur, haut de 8 centimètres (3 pouces), légèrement étranglé vers le milieu, comme tronqué au sommet.

La peau est fine, marquée de gros points gris peu nombreux : elle prend une teinte jaunâtre dans la maturité.

La chair est blanche, ferme, d'un grain fin.

L'eau est assez abondante, un peu trop acidulée.

Les loges inférieures sont grandes, les supérieures très petites, et toutes ne contiennent que des embryons avortés, sans doute parce que les fleurs n'ont pas d'étamines.

Cette Pomme mûrit en décembre et se conserve jusqu'en mars; mais je crois qu'elle peut aller plus loin, à cause de son acidité. Elle n'est pas indigne de paraître sur les tables, crue ou en compote, et sa structure singulière mérite l'attention des curieux.

EXPLICATION DES FIGURES.

Le graveur ayant oublié de numéroter ces figures, il faut, pour en suivre l'explication, commencer par celle de la gauche du dessin et finir par celle de la droite.

1° On voit trois fleurs sur leur pédoncule de grandeur naturelle.

2° Ensuite une fleur un peu grossie, montrant les cinq divisions calicinales, et entre elles cinq petits pétales verts et beaucoup plus courts; au centre s'élèvent les quinze styles.

3° La troisième figure montre en haut les quinze styles; au-dessous, trois des cinq loges supérieures, séparées du corps charnu qui contient les cinq loges inférieures.

4° Cette figure, très grossie, montre la coupe verticale d'un ovaire, du calice et de la corolle. On voit dans le bas deux des cinq loges et leurs deux embryons au-dessus desquelles s'élèvent cinq styles. Plus haut, sont deux des cinq loges supérieures et leurs deux embryons; ces dernières ne sont surmontées que de deux styles, parce que dans la coupe on leur en a enlevé à chacune trois.

5° Enfin, dans la coupe verticale d'un fruit, on voit dans les loges oblitérées du bas et dans les loges supérieures, de très petits points noirs qui sont des embryons avortés, cette Pomme n'ayant jamais de pepins parfaits, sans doute faute de fécondation, par le manque d'étamine ou d'organe mâle.

Royale d'Angleterre.

POMME ROYALE D'ANGLETERRE.

Malus anglica. Poit. et Turp.

E Pommier est un fort bel arbre, très vigoureux, qui se tient bien, et dont la tête s'arrondit parfaitement.

Les feuilles sont grandes, ovales, bien étoffées, d'un beau vert tendre en dessus, blanchâtres et assez velues en dessous, longues de 80 à 130 millim. (3 à 5 p.), terminées en pointe courte et aiguë, bordées de grandes dents simples ou surdentées.

Chaque bouquet est composé de six ou sept fleurs fort belles, larges de 45 millim. (20 lig.), ouvertes en soucoupe, portées sur de courts pédoncules cotonneux, munis de beaucoup de petites bractées linéaires.

Le fruit est gros et très beau, un peu variable dans sa forme, déprimé à la base et au sommet, assez souvent légèrement pentagone à la circonférence; son diamètre est de 68 à 80 millim. (2 po. 1/2 à 3 po.), sur un peu moins de hauteur; cependant on trouve sur le même arbre des fruits qui ont plus de hauteur que de diamètre. L'œil est dans une cavité large entourée de petites côtes sur les petits fruits, relevées de bosses inégales sur les gros; il a ses divisions longues, étroites et divergentes; la queue se trouve dans un enfoncement étroit et profond.

La peau est fine, d'abord d'un vert pâle marqué de beaucoup de points cendrés dans la lumière, bruns dans l'ombre; elle jaunit ensuite; le côté du soleil se fouette de rouge, et quand le fruit est piqué ou en plein soleil, il devient tout rouge

La chair est d'un blanc jaunâtre, fine et fondante.

L'eau est abondante et acide pendant le mois de septembre quoique alors le fruit soit bien mûr; cet acide ne diminue pas même dans la cuisson. Enfin, dans la grande maturité, la chair tend à devenir pâteuse, et l'eau perd beaucoup de son acidité.

Les loges sont grandes, et l'axe commun se déchire ordinairement; les pepins sont longs, aigus.

Cette belle Pomme commence à mûrir en septembre, et dure jusqu'à la fin de novembre. Alors sa chair se tache en dedans, sans qu'on s'en aperçoive au dehors.

Pomme Selieur.

POMME LELIEUR.

Malus americana. Poit. et Turp.

E N 1804, M. le comte Lelieur de Ville-sur-Arce, alors administrateur des parcs et jardins de la Couronne, a fait venir de l'Amérique Septentrionale une douzaine de variétés de pommiers, nouvelles pour nous, quoique évidemment sorties de pommiers européens transportés là lors de la découverte de ce Nouveau Monde. Parmi ces variétés, trois se sont fait remarquer par la grosseur de leur fruit; M. Turpin et moi avons nommé l'une *Joséphine* (nom de l'impératrice), la seconde *Montalivet*, nom du ministre de l'intérieur sous l'empire, et la troisième *Lelieur*, dont voici la description.

L'arbre est très vigoureux, élégant, dégagé, parce que ses rameaux deviennent fort gros et se ramifient peu.

Ses bourgeons sont peu nombreux, d'un vert brun, légèrement ou peu cotonneux, marqués de nombreuses lenticelles blanches ou cendrées.

Les feuilles sont grandes, ovales, d'un vert foncé et très luisant en dessus, drapées et blanchâtres en dessous, terminées en pointe courte, et bordées de dents en scie inégales, assez grandes.

La fleur est large de 54 millim. (2 p.), très plane, blanche dans son parfait épanouissement; la colonne des styles est de moyenne longueur, et les styles sont plus velus à leur point de division que dans le reste de leur longueur.

Le fruit est toujours fort gros, mais sa forme varie beaucoup; la plupart paraissent allongés, haut de 80 à 108 millim. (3 à 4 p.) sur autant de diamètre, d'une surface inégale, bosselée et relevée de côtes, surtout vers la tête, où l'œil est très enfoncé, et a ses divisions étroites et convergentes.

La peau reste entièrement verte sur quelques fruits; sur d'autres, et c'est le plus grand nombre, elle jaunit, se fouette et se lave de rouge du côté du soleil; mais avant que la peau soit rouge, on remarque à sa surface de gros points verts et saillans.

La chair est tendre, verdâtre, et passe vite.

L'eau est abondante, douce, et parfume un peu la bouche.

Les loges ne sont souvent qu'au nombre de trois ou quatre, petites, en raison de la grosseur du fruit, munies intérieurement de transsudation concrétée rangée en lignes obliques plus blanches que le cartilage des loges.

On commence à trouver de ces pommes mûres dès les premiers jours de septembre, et il en mûrit successivement jusqu'à la mi-octobre. Elles passent si vite, que lorsqu'elles sont rouges, comme dans le dessin ci-joint, elles sont déjà devenues cotonneuses et sans saveur.

Les pépiniéristes, qui n'y regardent pas de très près, appellent indifféremment *gros papa*, les trois pommes mentionnées plus haut.

Pomme Joséphine.

Poiteau pinx.   De l'Imprimerie de Langlois.   H. Legrand sculp.

S. 49.

POMME - JOSÉPHINE.

Malus Josephinia. Poit. et Turp.

N revenant de l'Amérique septentrionale, sous le Consulat, M. le comte Lelieur de Ville-sur-Arce, qui est devenu administrateur des jardins de la couronne sous l'Empire, avait rapporté de ce pays plusieurs variétés de pommiers inconnues en France, quoiqu'elles provinssent, sans aucun doute, de celles que les Européens avaient introduites dans ce nouveau monde en s'y établissant peu de temps après sa découverte. C'est qu'en effet, les variétés se reproduisent rarement semblables à elles-mêmes et encore bien plus rarement lorsqu'elles sont transportées dans un climat éloigné. Quand les arbres de M. Lelieur fructifièrent, on vit effectivement que leurs fruits étaient très différens des nôtres; trois surtout étaient d'une grosseur extraordinaire, et les pépiniéristes s'empressèrent de les multiplier par la greffe. A propos de greffe, c'est ici le lieu de placer une petite dissertation à ce sujet.

La greffe a pour objet, disent les poètes, de faire porter à un arbre des fruits qui ne sont pas les siens. Cela est vrai; mais, nous autres jardiniers, nous disons simplement que la greffe a pour but de conserver et de multiplier les bons fruits et les belles fleurs. Quant à l'influence que le sujet a sur la greffe ou celle que la greffe a sur le sujet, les poètes (les vrais, s'entend) n'en parlent pas; ils laissent cette question physiologique aux jardiniers, qui la résolvent à-peu-près ainsi.

D'abord, pour qu'une greffe réussisse, il faut que le rameau ait une grande analogie naturelle avec le sujet sur lequel on l'insère; ensuite, pour que l'arbre qui en résulte puisse vivre long-temps, il faut encore une égale force, une égale vigueur dans le sujet et dans le rameau qu'on lui a adapté. Quand c'est le sujet qui est le plus vigoureux, l'arbre porte des fruits moins gros; quand le sujet est le plus faible, l'arbre porte des fruits plus gros et il vit moins long-temps. Ce sont là des faits constans, prouvés par l'expérience et que j'aurai peut-être occasion d'expliquer plus tard; aujourd'hui, il me suffit de faire remarquer que si la Pomme-Joséphine de la planche ci-jointe est si belle et si grosse, c'est parce qu'elle a été cueillie sur un arbre dont le sujet était plus faible que l'espèce qui avait été greffée dessus, ou, en terme de pépiniériste, c'était un Pommier greffé sur paradis.

Est-il nécessaire maintenant que je rappelle de quelle Joséphine la pomme qui m'occupe porte le nom? Je ne le pense pas; on n'a pas encore oublié cette femme célèbre qui a été assise un instant sur le trône de France, cette femme qui n'a cessé d'employer son crédit pour soulager les malheureux, encourager l'horticulture, l'agriculture, les sciences et les arts. La reconnaissance des jardiniers lui avait consacré cette pomme avant que la France perdît sa virginité.

La chair de la Pomme-Joséphine est tendre, jaunâtre, fondante, avec un suc légèrement acidulé; les loges de son intérieur sont grandes, marquées de bandes transversales qui paraissent formées d'une transsudation floconneuse, chose très rare dans les pommes, et, ce qui est encore plus rare, c'est que les loges de celle-ci, au lieu de ne contenir chacune que deux pépins, en contiennent trois ou quatre placés à de grandes distances les uns des autres.

La maturité arrive en novembre et peut se prolonger jusqu'en mars dans une bonne fruiterie.

La Pomme-Joséphine n'est pas une espèce à multiplier beaucoup, mais on doit en avoir quelques arbres greffés sur paradis et tenus en buissons, dans les jardins où l'on aime à réunir les fruits qui joignent la célébrité au mérite.

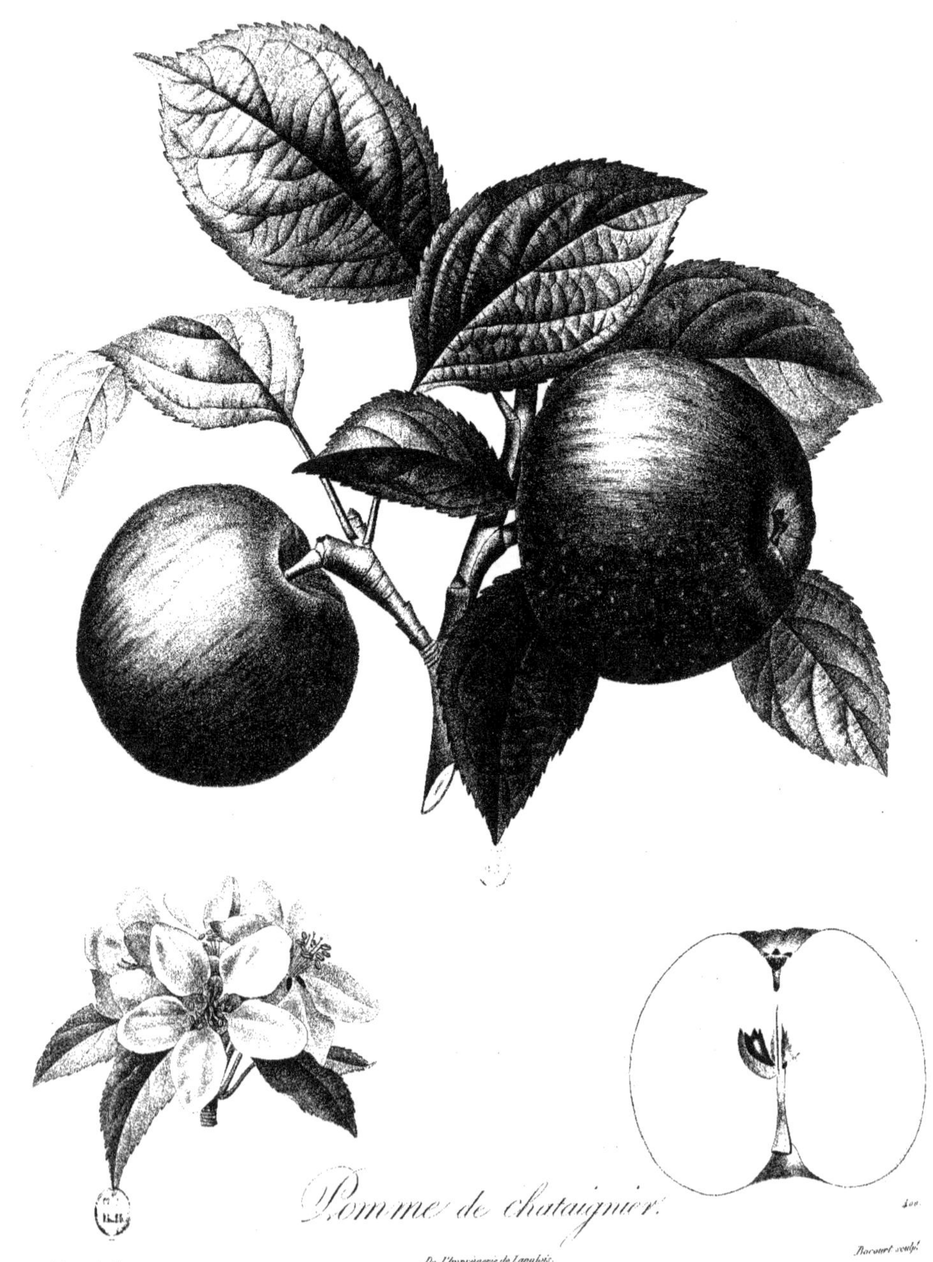

Pomme de chataignier.

POMME DE CHATAIGNIER.

Malus Castanea. Poit. et Turp.

UHAMEL n'a pas jugé à propos de relater cette Pomme dans son traité des arbres fruitiers, probablement parce qu'elle n'est pas excellente crue, quoique bien des gens la mangent dans cet état ; mais elle est si bonne cuite devant le feu, que ce ne serait pas lui rendre justice que de la négliger. Son mérite est si bien connu qu'elle est extraordinairement cultivée aux environs de Paris, et qu'elle est vingt fois plus nombreuse sur les marchés de la capitale pendant l'hiver que toutes les autres pommes ensemble.

Elle se cultive en plein champ et dans les vergers, toujours à haute tige. L'arbre est de moyenne vigueur, soutient bien ses branches, qui se divisent peu et chargent beaucoup. Ses bourgeons sont petits, cuivrés, luisans, sans duvet, quoi qu'en dise Calvel, très ponctués et comme argentés du côté du soleil.

Ses feuilles sont petites, d'un vert blond, peu nombreuses ; celle des bourgeons sont ovales-arrondies avec une pointe courte ; toutes ont les dents arrondies, inégales et surdentées ; leur pétiole est gros, court, ordinairement un peu rouge.

Le fruit est très variable en grosseur, en forme et en couleur ; les uns sont aplatis, les autres un peu allongés ; ceux qui ont 32 lignes (72 millimètres) de diamètre sur 28 lignes (63 millimètres) de hauteur, sont d'une belle forme et d'une bonne grosseur. L'œil est très peu enfoncé et ses divisions sont étroites et convergentes. La queue est ou fort grosse et fort courte, ou menue et de moyenne longueur, logée dans une cavité large et peu profonde.

La peau est d'un rouge foncé du côté du soleil, fouettée et rayée de rouge dans l'ombre, sur un fond un peu jaune dans la maturité.

La chair ferme, d'un grain fin, blanche avec un petit œil jaunâtre.

Son eau est peu abondante, légèrement acidulée.

Ses loges sont petites, ses pepins bruns, fort courts et bien nourris.

Cette pomme est très commune sur les marchés de janvier en mars. Le peuple la mange crue, mais cuite sous la cloche ou devant le feu, elle est douce et très moelleuse.

Peiteau pinx.t   De l'Imprimerie de Langlois.   Girard sculp.t

RAMBOUR D'ÉTÉ.

Malus Rambura æstiralis. Poit. et Turp.

L E nom de Rambour d'été, assez généralement donné maintenant à cette espèce de pomme, est plus qualificatif et vaut mieux que celui de Rambour franc qu'on lui trouve dans Duhamel, puisqu'il en existe un autre nommé Rambour d'hiver. L'arbre qui la produit est très grand, très rameux ; il étend beaucoup ses branches, quoique ses bourgeons recherchent la direction verticale dans leur jeunesse : ceux-ci sont gris cendré, un peu velus et deviennent sensiblement menus vers leur extrémité.

Les feuilles sont grandes, arrondies, d'un vert pâle, plus gauffrées et plus tourmentées que dans la plupart des autres pommiers, et bordées d'une dentelure profonde, inégale et aiguë.

La fleur a 5o millimètres de diamètre, et ses pétales sont beaucoup plus étroits à l'extrémité que du côté de l'onglet, où ils se froncent et sont panachés d'une couleur cerise.

Le fruit varie considérablement de forme, de grosseur et de couleur: mais comme il y a fort peu de pommes mûres au temps qu'il mûrit, on le reconnaît toujours aisément. En général, il est gros, très aplati à la base et au sommet, relevé de quelques côtes peu prononcées; quelquefois le sommet s'élève droit ou obliquement en tapinière, et l'œil se trouve alors peu enfoncé ou comprimé, ou jeté de côté; mais le plus souvent la fossette de l'œil est large, profonde et régulière ainsi que celle de la queue. Cette queue est toujours grosse, très courte et souvent charnue. On trouve des fruits dont la hauteur est égale au diamètre transversal, mais plus communément ils sont aplatis et de 56 à 7o millimètres de hauteur sur 70 à 98 millimètres de diamètre transversal; il y en a même de si aplatis, qu'il n'y a pas 4 centimètres de distance entre le fond de l'œil et la racine de la queue. Dans tous les cas, l'œil est toujours petit et peu ouvert.

La peau, d'abord d'un vert pâle, luisante, se fouette ensuite de bandes rouges, irrégulières ou inégales en tout ou en partie, de sorte que certains fruits sont à peine fouettés de rouge, comme le représente le dessin ci-joint, tandis que d'autres sont partout d'un rouge vif et dense. Il est inutile de dire que le fond de cette peau jaunit dans la maturité.

La chair est blanche, d'un grain assez fin, un peu acerbe. Elle jaunit un peu dans la grande maturité.

Son eau est abondante et très acidulée.

L'axe du fruit se déchire et forme un vide au centre.

On commence à vendre cette pomme sur les marchés de Paris dès le commencement d'août, et elle dure jusqu'à la fin de septembre. L'acidité de son eau empêche qu'on ne la mange crue, mais on en fait d'excellentes compotes et marmelades. Duhamel avait déjà fait remarquer que le feu émoussait l'aigrelet de son eau et la rendait fort agréable.

Belle du Havre.

Bocourt sculp.

POMME BELLE-DU-HAVRE.

Malus Gratiæ-Portus. Poit. et Turp.

L est une question agitée depuis long-temps et dont la solution se fait encore attendre ; c'est de savoir si un ministre qui a pratiqué, professé, aimé une science industrielle ou libérale, vaut mieux qu'un ministre qui n'a jamais pratiqué ni science ni art. On dit en faveur de ce dernier que, n'ayant pas plus de penchant pour une chose que pour une autre, il dispensera les encouragemens avec impartialité, avec justice, tandis que le ministre qui aurait cultivé un art ou une science quelconque, favoriserait toujours cet art ou cette science au préjudice des autres connaissances non moins utiles. Je n'objecterai rien à ce raisonnement, je dirai seulement qu'il est poussé à l'extrême ; mais je prendrai la liberté grande de rappeler que, quand un encouragement est très disséminé, il produit peu d'effet, ne porte aucun fruit, et que bientôt il n'en reste plus rien, tandis que, quand un ministre encourage d'une manière spéciale un art ou une science qu'il affectionne, il en reste toujours quelque chose d'utile. Ainsi mon opinion est qu'il est avantageux qu'un ministre ait été savant ou artiste : voici quelques-uns des exemples sur lesquels je me fonde.

Richelieu aimait les lettres : il a fondé l'Académie française. Lamoignon de Malesherbes aimait l'économie rurale : l'agriculture a été encouragée sous son ministère, et elle serait devenue florissante, si ce vertueux ministre fût resté plus long-temps au pouvoir. Chaptal appliquait la science à l'économie industrielle et domestique : la pépinière impériale du Luxembourg a été fondée sous son ministère, et si Chaptal fût resté au pouvoir, cet utile établissement national aurait pris de profondes racines et persisterait encore ; mais ses successeurs, très habiles politiques, sans doute, ont laissé périr la pépinière et détruire l'Empire.

Et qu'on ne croie pas que je viens de faire une digression étrangère à mon sujet ; c'est au contraire une transition très naturelle pour m'amener à dire que si la pépinière du Luxembourg existait encore, on y verrait aujourd'hui la *Belle-du-Havre*, qu'elle y occuperait une place distinguée, que chacun s'empresserait d'aller l'admirer, d'en demander des greffes pour l'introduire dans son jardin et de là sur sa table. D'après cela on voit clairement comment je résolverais la question posée en tête de cet article.

Il est donc arrivé que par la suppression de la pépinière du Luxembourg, la Belle-du-Havre n'a encore ni feu ni lieu, que depuis trente ans que je la connais elle erre dans les campagnes, bivouaque dans les vergers, souvent en mauvaise compagnie, exposée à être prise pour une autre et enveloppée dans une proscription. Je l'ai bien recommandée à la Société d'Horticulture de Paris en 1830 (Voir les ANNALES de cette société, t. VI, pag. 93); M. Turpin et moi l'avons bien décrite et figurée dans notre TRAITÉ DES ARBRES FRUITIERS, en 6 vol. in-fol. et qui se trouve à l'adresse de cette Pomologie française, mais tout cela ne la sauve pas du danger de périr; les livres transmettent bien quelques réputations, mais ils ne garantissent pas de la mort; et tant que quelque chose de semblable à la défunte pépinière du Luxembourg ne sera pas établi en France, l'existence de la Belle-du-Havre sera toujours menacée.

Voici comme cette Pomme magnifique est parvenue à ma connaissance.

M. Turpin se trouvant au Havre il y a une trentaine d'années, M. Eyriès, négociant de cette ville, lui montra dans les vergers des environs quelques Pommiers de cette espèce et lui en fit l'éloge; M. Turpin en cueillit des branches et des fruits et me les apporta à Paris. Ces Pommes m'étaient tout-à-fait inconnues, et j'en avais rarement vu de plus belles; aucun des pépiniéristes des environs de Paris ne les connaissaient. Cependant voulant savoir si l'espèce n'existait pas aux environs de la capitale, j'ai parcouru les marchés de Paris et en ai trouvé enfin un panier au marché des Innocens. La fruitière les vendait sous le nom de *Pomme douce*, mais elle ne put m'indiquer de quel endroit elles venaient; néanmoins il me fut démontré qu'on cultivait l'espèce dans quelque campagne aux environs de Paris. Au reste, cette Pomme n'est pas le seul bon fruit qui se vende sur les marchés de la capitale et que les pépiniéristes ne connaissent ni ne cultivent, tant la science pomologique est négligée en France.

Quant au nom de Pomme douce par lequel la fruitière m'a désigné cette pomme, je n'ai pas dû le conserver puisqu'il y a plusieurs Pommes douces auquel il convient également, et j'ai préféré celui de Belle-du-Havre que M. Turpin et moi venions de lui assigner dans le traité sus-mentionné.

La Belle-du-Havre est une des plus magnifiques Pommes; elle porte jusqu'à 3 pouces 1/2 de diamètre transversal sur 2 pouces 1/2 à 3 pouces de hauteur; son œil et sa queue sont profondément enfoncés.

Sa peau est fine, sans aucune tache; le côté du soleil se lave du plus beau rouge, tandis que le côté de l'ombre passe du vert clair au jaune dans la maturité.

La chair est blanche, d'un grain très fin, fondante et sans aucun marc. L'eau n'est pas très abondante, mais elle est suffisante, sucrée, et n'a d'acidité que ce qu'il en faut pour la rendre très agréable.

La maturité de cette magnifique Pomme arrive en octobre et novembre.

N'ayant pu en voir d'arbres aux environs de Paris, je conseille aux amateurs de s'adresser au Havre pour l'obtenir.

Poiteau pinx.

Pomme aléose.

Bocourt sculp.

POMME OLÉOSE.

'AURAIS conservé à cette Pomme le nom de Grosse Pomme noire d'Amérique, qu'elle porte dans le catalogue de l'école d'arbres fruitiers du Muséum, si M. le comte Lelieur, de Ville-sur-Arce, n'avait pas introduit en France, pendant son administration des jardins de la couronne, une collection de Pommes américaines, la plupart d'une grosseur extraordinaire et ornées de toutes les couleurs. Ce nom de Grosse Pomme noire américaine était bon quand nous n'avions qu'une Pomme américaine ou présumée telle; mais maintenant que nous en avons plusieurs, il ne pourrait que jeter de la confusion dans les idées au lieu d'y mettre de l'ordre; j'ai donc cru devoir lui substituer celui de Pomme Oléose, tiré de la singulière propriété qu'a ce fruit de transsuder un fluide huileux placé sous sa peau. Quelques autres pommes transsudent bien aussi une sorte de fluide huileux, mais aucune ne le fait aussi abondamment que celle-ci.

L'arbre est peut-être le plus grand et le plus vigoureux des Pommiers; son écorce reste long-temps lisse; il s'élève droit et forme une belle tête conique, ses bourgeons sont très gros, velus, cendrés et marqués de points allongés. Les yeux sont petits et les supports aplatis.

Les feuilles sont très grandes, épaisses, ovales, plus ou moins aiguës, drapées en dessous, bordées de grandes dents inégales.

Les fleurs ont le bouton très rose avant leur épanouissement; elles sont portées sur de gros et courts pédoncules munis de petites bractées linéaires et caduques. Ces fleurs restent toujours un peu concaves et ont, dans leur plus grand développement, de 45 à 5o millimètres (20 à 22 lignes) de diamètre; les étamines sont très grosses et moins longues que les styles; ceux-ci, au nombre de 3 à 5, sont glabres et réunis en colonne à la base.

Le fruit est gros, aplati à la base et au sommet, rarement arrondi à la circonférence : il a jusqu'à 95 millimètres (3 pouces et demi) de diamètre transversal et 68 millimètres (2 pouces et demi) de hauteur. Son œil est petit, verdâtre, resserré dans une cavité étroite. La queue est grosse, courte, plantée dans une large cavité.

La peau est fine, très lisse, jaune dans l'ombre, lavée, du côté du soleil, de rouge obscur et fouettée du même rouge, mais plus foncé; ces bandes de rouge sont assez souvent plus marquées de rouge du côté de la queue que du côté de la tête du fruit, et il se forme en outre à la surface beaucoup de taches irrégulières, assez grandes et d'un rouge brun et dont le centre finit par devenir noir.

La chair est d'un blanc tirant sur le vert, fine, très tendre et grenue; elle a une saveur particulière que je ne puis définir; elle se tache dans le voisinage de la peau dès le mois d'août et cependant elle ne pourrit pas.

L'eau est légèrement acidulée et peu abondante.

Les loges sont fort larges, mais très courtes, et ordinairement réunies en une seule par la destruction de l'axe central. Les pepins sont bruns, bien nourris, assez gros.

Ce fruit peut se manger cru dès la fin d'août et se conserver dans la fruiterie jusqu'en janvier. Il est très propre à faire des compotes comme le Rambour d'été. Il tombe promptement de l'arbre même avant sa maturité, parce que, venant par bouquets et ayant la queue très courte, il se trouve gêné et pressé par le volume considérable qu'il doit acquérir.

Une chose remarquable, c'est que cette pomme, au lieu de transpirer une eau à-peu-près simple comme les autres pommes dans la fruiterie, transpire une espèce d'huile très abondante qui graisse les mains lorsqu'on la touche.

Pomme de Montalivet.

POMME DE MONTALIVET.

Malus Montalivetia. Poit. et Turp.

E Pommier ressemble beaucoup au Pommier Lelieur; il est également dégagé, mais moins grand. Ses bourgeons sont plus verts, plus cotonneux et moins ponctués.

Ses feuilles sont plus petites, de forme plus allongée et moins ovale, d'un vert moins foncé et moins luisant en dessus, terminées en pointe plus longue; enfin elles diffèrent surtout par leurs dents qui sont très aiguës, inégales et surdentées, tandis qu'elles sont arrondies dans le Pommier Lelieur.

Les fleurs sont planes, larges de 5o millim. (22 lig.) à pétales oblongs, velus sur l'onglet; la colonne du style est glabre ainsi que ses cinq branches.

Le fruit est très gros, vert partout, arrondi, rétréci et aplati au sommet, à-peu-près comme un rambour, haut d'environ 8 centim. (3 po.), sur un peu plus de diamètre. L'œil est enfoncé dans une cavité étroite, et conserve les étamines, les styles et ses longues divisions calicinales, d'où partent quelques côtes plus ou moins élevées qui ôtent de la rondeur au fruit.

La peau est fine, d'un vert mat partout quand le fruit est bien venant, un peu rouge du côté du soleil quand il souffre, marquée de beaucoup de points blancs peu apparens; quand le fruit mûrit, le vert se marbre de jaune faible.

La chair est d'un grain fin, un peu jaunâtre dans la maturité.

L'eau est peu abondante, d'une saveur herbacée, peu agréable.

Cette Pomme, d'origine américaine, a été introduite en France sous l'empire, par M. le comte Lelieur, de Ville-sur-Arce, qui est devenu administrateur des jardins de la couronne. Elle se conserve jusqu'en mars et avril. Sa grosseur fait tout son mérite.

Pomme de glace hâtive.

POMME DE GLACE HATIVE.

Malus vitrea. Poit. et Turp.

I les botanistes examinaient cet arbre avec attention, ils lui trouveraient sans doute assez de caractères pour l'élever au rang d'espèce et le placer dans leur répertoire, à côté du Pommier hybride, auquel il ressemble beaucoup, et dont il se distingue particulièrement par la grosseur de son fruit.

C'est un Pommier du petit nombre de ceux qu'on peut reconnaître facilement à une certaine distance, sans même s'être jamais occupé de la distinction ni des caractères des arbres fruitiers. Il est de moyenne vigueur, d'un port très dégagé, parce que ses rameaux sont peu nombreux, et qu'ils s'étalent la plupart horizontalement.

Ses bourgeons sont forts, étalés, allongés, géniculés, très rouges, marqués de gros points blanchâtres, peu nombreux, le tout en partie caché par un duvet cendré. Les supports, un peu saillans, décurrens, soutiennent des yeux d'une petitesse remarquable.

Les feuilles sont grandes, ovales, planes, longues de 108 à 135 millim. (4 à 5 po.), d'un vert tendre et luisant en dessus, cotonneuse en dessous, souvent ondulées sur les bords, entourées de grandes dents plus arrondies que dans les autres espèces. Le pétiole devient d'un beau rouge violet dans l'automne, ainsi que la nervure médiane de la feuille.

Au printemps, chaque bouton à fruit donne naissance à six ou huit fleurs, très rouges avant le parfait épanouissement, et toutes blanches lorsqu'elles sont épanouies; elle ont alors 45 millimètres (20 lig.) de largeur; le pédoncule et l'ovaire sont à peine cotonneux, et le tube et le dessous des divisions du calice sont presque nus; le style est velu jusqu'à l'endroit où il se divise en cinq branches glabres, plus hautes que les étamines.

Le fruit est d'une forme régulière et varie peu en grosseur; il diminue vers le sommet, et son plus grand diamètre est à sa base; ses proportions ordinaires sont

68 millim. (2 po. 1|2) d'épaisseur sur quelques millim. de moins en hauteur. L'œil est placé dans un léger enfoncement régulier; la queue, assez longue et un peu velue, est plantée dans un évasement à-peu-près semblable à celui de l'œil.

La peau est d'un vert blanchâtre, parsemée de grands points blancs, et recouverte d'une fleur poudreuse de la même couleur, qui l'empêche d'avoir le luisant qu'on remarque sur beaucoup de Pommes; elle prend une petite teinte jaune en mûrissant, et ne se colore pas ordinairement aux rayons du soleil.

Sa chair est blanche, farineuse.

L'eau est assez acidulée, mais pas assez abondante.

Les pepins sont gros, courts, comprimés, fauves ou marron.

Cette Pomme mûrit à la fin d'août ou au commencement de septembre : son point de maturité ne dure que huit à dix jours. Sa peau et sa chair se teignent dans quelques endroits de violet obscur, un peu transparent, et cette couleur gagnant peu-à-peu, la pomme pourrit bientôt. Aussi n'est-elle cultivée que dans les collections ou les écoles de pomologie, comme celle du Jardin des Plantes.

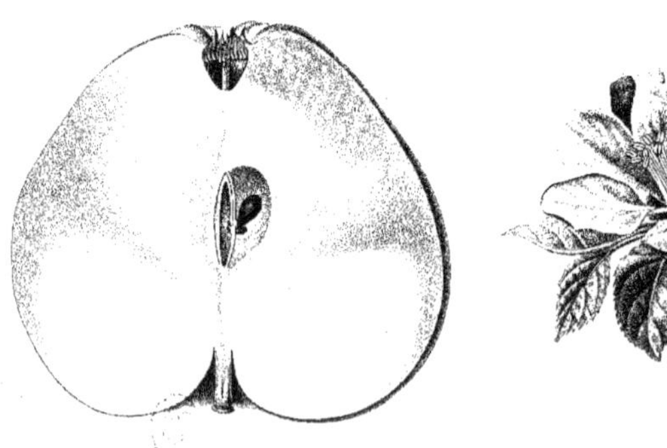

Pomme de glace tardive.

Poiteau pinx. De l'Imprimerie de Langlois. Gabriel sculp.

POMME DE GLACE TARDIVE.

Malus marmorea. Poit. et Turp.

L y a peu de Pommiers d'un plus beau port et d'une aussi belle venue que celui-ci. Ses rameaux recherchent la direction verticale et lui forment une tête conique très régulière. Duhamel a donné une description si fidèle de son fruit, que je me fais un devoir de la transcrire ici.

« La Pomme de glace, dit cet auteur, est grosse, très renflée vers la queue, « diminuant vers l'œil, où elle se termine presque en pointe obtuse. Son dia- « mètre est de 32 lig., et sa hauteur de 30 lig. Sur les vieux arbres ou greffés « sur paradis, il s'en trouve de 3 po. 3 lig. de diamètre, et de 3 po. de hauteur. « Sa queue est grosse, courte, plantée dans une cavité profonde, unie, médio- « crement évasée. L'œil est très petit, enfoncé dans une cavité étroite, peu « creusée, et ordinairement bordée de quelques bosses.

« La peau est fine, unie, luisante d'un vert clair qui devient blanchâtre au « temps de la maturité du fruit; quelquefois le côté du soleil devient jaune, » semé de quelques petites taches d'un rouge vif; partout elle est fort tiquetée « de très petits points blancs; alors sa chair est tendre, très blanche, son eau abondante, « relevée d'acidité qui rend cette Pomme très bonne, étant cuite ou séchée au four; « mais aussitôt que le point de maturité est passé, sa chair devient ferme, un peu « transparente, de couleur verdâtre comme si elle avait été frappée et pénétrée de gelée, « ou comme des melons d'eau tout nouvellement mis au sucre. Dans cet état elle se « conserve long-temps sans pourrir, mais l'eau est presque insipide et d'un goût désa- « gréable; de sorte que c'est un fruit que la curiosité plutôt que son utilité peut faire « multiplier. Merlet dit qu'il y a une variété d'un rouge brun violet; je ne la connais « pas; si elle est perdue, elle mérite peu de regrets. »

J'ajouterai que les divisions du calice sont convergentes, et que la cavité stylaire qu'elles recouvrent est la plus petite que je connaisse. Je dirai encore que c'est en novembre, lorsque ces Pommes sont dans la fruiterie, qu'on les voit la plupart devenir transparentes comme du marbre en tout ou en partie; alors elles sont luisantes, beau- coup plus dures et plus lourdes qu'auparavant, et contiennent aussi plus d'eau. Vers le mois de février et mars, ces Pommes redeviennent à-peu-près comme elles étaient avant leur métamorphose ; elles perdent leur transparence, et leur poids diminue ; leur chair devient blanche, un peu pâteuse, et l'eau moins acidulée ; enfin ces Pommes se conservent dans cet état de médiocrité jusque vers la fin d'avril. J'ai connu un jardinier à Paris qui vendait toujours cette Pomme sous le nom de Reinette.

Pommier d'Astracan.

Turpin pinx.

De l'imprimerie de Langlois.

Ravenet sculp.

234.

POMME D'ASTRACAN.

Malus cerea. Poit. et Turp.

SPÈCE toujours rare et peu connue à Paris. L'arbre reste toujours petit et ses bourgeons deviennent rougeâtres.

Les feuilles sont oblongues, raides, d'un beau vert, bordées de dents arrondies; leur pétiole est long et assez gros.

Les boutons de fleurs ne sont presque pas rouges. Quand les fleurs sont épanouies, elles sont petites, bien blanches, et les pétales sont velus sur toute la face supérieure; la colonne des styles est très courte et velue à la base.

Le fruit est petit, assez variable dans sa forme, mais généralement un peu allongé, légèrement pentagone, haut de 58 millim. (26 lig.), sur un peu plus en diamètre. L'œil est petit, resserré dans une cavité étroite, relevée de petites côtes. La queue est menue, velue, longue de 14 millim. (6 lig.), profondément enfoncée dans une cavité souvent tapissée d'une tache brune et frangée.

La peau est très mince, couleur de cire ou presque blanche, comme transparente, lisse, mais non luisante, à moins qu'on ne l'essuie.

La chair est blanche comme neige, très fine, tendre, légèrement acidulée et relevée d'un petit parfum particulier.

L'eau est peu abondante.

Cette Pomme mûrit à la mi-août, et se conserve jusqu'à la mi-septembre.

Elle n'est pas du tout mauvaise, et sa couleur la rend tout-à-fait curieuse.

Pomme Suisse.

POMME SUISSE.

Malus zonalis. Poit. et Turp.

E nom de ce fruit a une étymologie bizarre, qu'il faut pourtant expliquer. D'abord, il faut admettre qu'autrefois les soldats suisses portaient des culottes bariolées de différentes couleurs; et comme une poire (pyriforme) a assez la forme d'une cuisse, on a appelé Culotte de Suisse les poires qui se distinguaient par des bandes longitudinales de diverses couleurs. Ensuite, par une raison ou par une autre, on a *ellipsé* le mot culotte, et on a conservé le mot suisse : c'est de cette manière que nous sont restées la Bergamotte Suisse, la Mouille-Bouche Suisse, la Pomme Suisse. En effaçant l'idée de culotte, on tombait dans l'obscurité ou plutôt on donnait une fausse idée, car Bergamotte Suisse signifie littéralement une poire qui vient de la Suisse, originaire de la Suisse, et ce n'était pas là du tout l'idée des premiers nomenclateurs. Leurs successeurs, mieux avisés, ont abandonné la culotte et les idées qui s'y rattachent, et ont appelé simplement *Panachées*, les poires qui leur offraient des bandes de plusieurs couleurs : ainsi ils nous ont laissé le Bon-Chrétien panaché, le Saint-Germain panaché, dont leurs prédécesseurs auraient fait un Bon-Chrétien culotte de Suisse, un Saint-Germain culotte de Suisse. Qui pourrait dire à présent que la civilisation, le bon goût, ne pénètrent pas chez les jardiniers ?

Le Pommier Suisse est un arbre vigoureux dont les rameaux s'étendent beaucoup. Dans sa jeunesse il a la tige rayée de bandes longitudinales, jaunes, vertes, et quelquefois rouges, qui le font reconnaître de très loin. Dans un âge plus avancé, ces bandes étant disparues de la tige, se manifestent plus fortement sur les rameaux et les bourgeons. Ces derniers sont couverts d'un duvet roussâtre pendant l'été, et ils s'en débarrassent en partie aux approches de l'hiver.

Les feuilles sont de médiocre grandeur, et n'ont rien de très remarquable.

Les fleurs sont larges de 41 à 45 millim. (18 à 20 lig.), légèrement rosées; elles ont les pétales ovales-arrondis, un peu velus sur l'onglet.

Le fruit est de moyenne grosseur, déprimé en dessus et en dessous, beaucoup plus épais à la base qu'au sommet, constant et régulier dans sa forme, mais variable en grosseur.

La peau est unie, un peu luisante, d'un vert tendre, sans taches, marquée de gros points verdâtres peu apparens, embellie de zones inégales, longitudinales, les unes plus vertes, les autres plus jaunes que le reste de la peau.

La chair est fine, ferme, cassante, blanche avec un petit œil jaunâtre.

L'eau n'est presque pas acidulée; elle est douce, mêlée d'un goût d'herbe difficile à définir, et qui ne me semble pas agréable.

Cette Pomme se conserve jusqu'en avril; dans la maturité elle se ride comme les reinettes, et ses zones disparaissent.

Obs. Dans les gros fruits, j'ai trouvé quatre pepins dans chaque loge, tandis que dans les petits fruits, les loges n'en contenaient que deux.

GENRE COIGNASSIER.

ENRE composé d'un petit nombre d'arbres du vieux continent, de la famille des rosacées, à feuilles alternes, stipulées, et dont le caractère commun est d'avoir :

1° Un calice adhérent à cinq divisions lancéolées et dentées;

2° Cinq pétales ovales ou oblongs, plus grands que le calice, à l'orifice duquel ils sont insérés.

3° Une vingtaine d'étamines, plus courtes et insérées au même lieu que les pétales;

4° Un ovaire infère, oblong, surmonté de cinq styles terminés chacun par un gros stigmate papilleux échancré d'un côté;

5° Un fruit pyriforme ou oblong, charnu, lisse ou cotonneux, divisé intérieurement en cinq loges qui contiennent chacune un grand nombre de graines (pepins) superposées, recouvertes d'une substance qui devient mucilagineuse dans l'eau. (1)

HISTOIRE, USAGE ET CULTURE.

Histoire. La plus ancienne espèce connue de ce genre était nommée pomme de Cydon par les Grecs, parce qu'elle croissait abondamment près de la ville de ce nom dans l'île de Crète, appelée aujourd'hui Candie. Les Romains l'apportèrent de la Grèce en Italie, et la

---

(1) M. Turpin, dans un de ses derniers Mémoires * a démontré que la prétendue matière mucilagineuse qui semble enduire l'extérieur des pepins de Coing est, lorsqu'on l'observe au microscope, composée d'un grand nombre de véritables poils, tubuleux, en forme de coin et contenant quelques granules.

Il observe de plus que ces poils, qui existent à l'état rudimentaire sur les pepins de pommes et de poires, et sur beaucoup d'autres graines, ont cela de remarquable qu'ils sont entièrement analogues à ceux qui tapissent la surface extérieure du fruit et celle de la feuille du Coignassier, rapports d'autant plus exacts que dans les trois cas c'est toujours la même face de l'organe appendiculaire qui offre ces poils, soit celle de la feuille ovulaire devenue tégument de la graine, soit celles des cinq feuilles ovariennes converties en péricarpe charnu, soit enfin celle de la feuille proprement dite.

Si les poils de la feuille ovulaire ou du tégument de la graine paraissent à l'œil nu et au toucher plus onctueux que ceux du fruit et de la feuille, cela tient uniquement à ce que les premiers se sont développés à l'abri de l'air et de la lumière, tandis que les deux seconds, frappés par ces deux agens, ont pris plus de consistance et de solidité.

* De la différence des tissus cellulaires de la Pomme et de la Poire, Mém. de l'Acad. des Sciences, pl. 3, fig. 7, 7 a et 7 b.

cultivèrent d'abord aux environs de Cotone, maintenant Codogno, d'où elle s'est ensuite répandue dans presque toute l'Europe.

Plusieurs auteurs pensent que les pommes d'or du jardin des Hespérides n'étaient pas des oranges, mais bien des coings ; cette idée, au reste, n'est pas nouvelle, car ce sont des coings que l'Hercule du jardin des Tuileries tient dans sa main.

Usage. On cultive peu le Coignassier comme arbre fruitier ; mais on en élève beaucoup dans les pépinières comme sujets, pour recevoir la greffe de plusieurs poiriers, pour en hâter la fructification, et c'est le Coignassier à fruit pyriforme et celui de Portugal que l'on préfère pour cet objet. Quant aux fruits de tous les Coignassiers connus, aucun n'est mangeable à l'état cru ou mûr, et lorsqu'ils approchent de la maturité, qui arrive en novembre, décembre et janvier, ils répandent une odeur particulière, très forte, capable d'incommoder. Cependant, au moyen de la cuisson et du sucre, on en fait des confitures, des compotes, du ratafia et une pâte sèche nommée *Cotignac*, dont la plus renommée vient d'Orléans. Les diverses préparations du coing sont astringentes et toniques ; on en recommande l'usage dans les relâchemens qui ont pour cause la faiblesse des organes digestifs. On dit même qu'elles ont la propriété d'empêcher l'ivresse. Les feuilles du Coignassier, trempées dans de l'eau-de-vie ou du vin chaud, sont estimées pour dessécher les vieux ulcères aux jambes.

Culture. Le Coignassier s'enracinant facilement, les pépiniéristes en font des mères dont ils buttent ou couchent les rameaux. Comme ceux-ci s'enracinent en une année, on les sèvre à l'automne pour les planter en lignes dans la pépinière, et les mères en repoussent d'autres que l'on couche et lève chaque année pendant dix ou douze ans et plus que durent les mères. Les jeunes Coignassiers élevés de cette manière peuvent se greffer de suite en fente ou par copulation, avant de les planter ; et comme cette opération peut se faire à la maison, on l'appelle *greffe au coin du feu*. Cette méthode n'est cependant pas la plus générale ; le plus souvent on plante les sujets au printemps, et on les écussonne l'automne, en septembre de la même année ou de la suivante. Il en résulte des arbres qui ne deviennent pas très forts, que l'on peut soumettre à la taille, et qui fructifient plus tôt que ceux greffés sur franc.

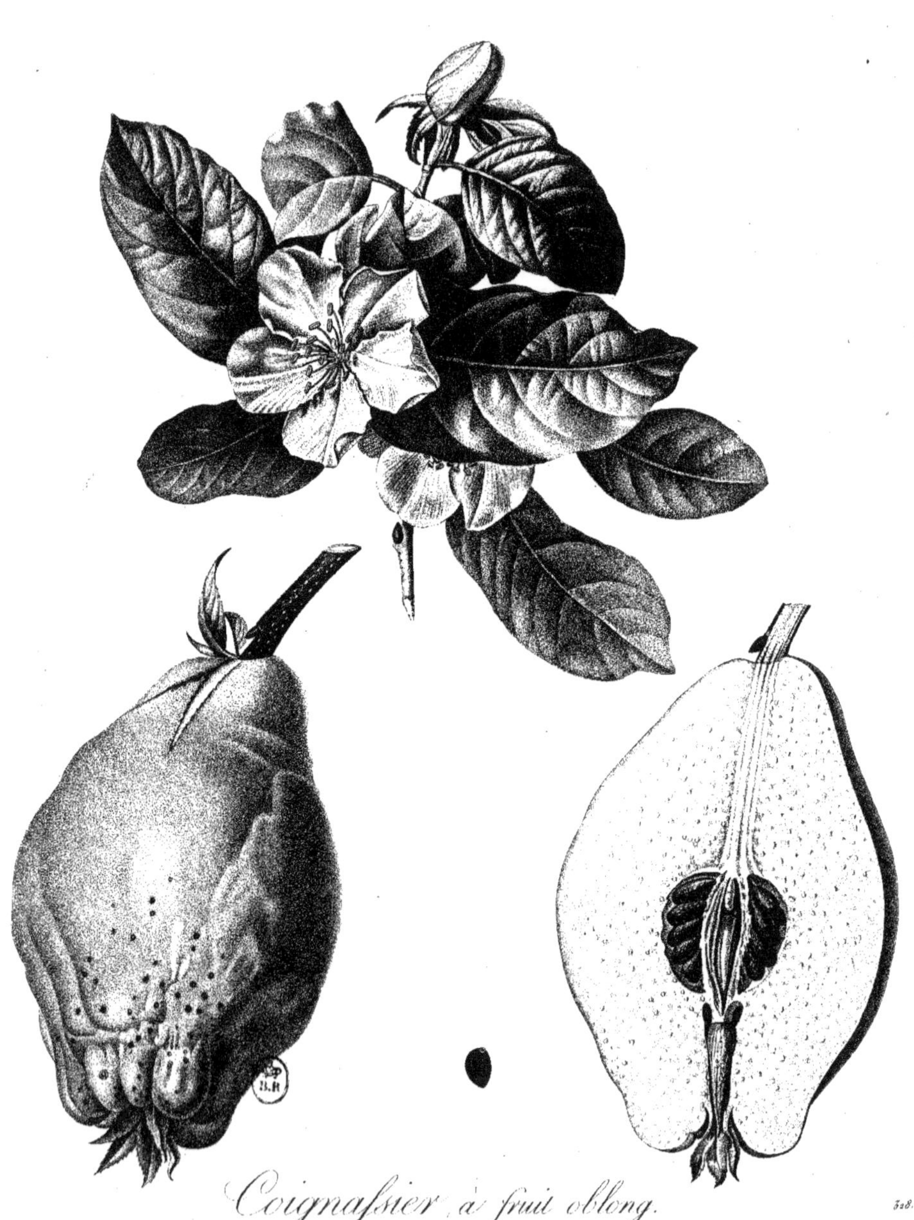

Coignassier à fruit oblong.

COIGNASSIER A FRUIT OBLONG.

Cydonia oblonga. Poit. et Turp.

UHAMEL ne parle pas de cette variété, et cependant elle n'est pas sans mérite, et offre des caractères qui doivent la faire distinguer de ses congénères, qui, d'ailleurs, ne sont pas nombreuses, puisqu'on n'en reconnaît que six. Ses caractères propres sont: un arbre plus gros et plus grand que tous les autres; des feuilles grandes comme celles du coignassier de Portugal; des fleurs un tiers plus petites que celles de ce dernier, moins nombreuses, et à nervures plus rouges; ces fleurs ont de cinq à huit styles, et l'axe de leur ovaire est vide et soyeux.

Le fruit est fort beau, toujours en forme de tonneau, presque glabre, et ne contient que dix à douze graines dans chacune de ses cinq loges, comme le représente la figure ci-jointe.

Les deux variétés avec lesquelles on pourrait confondre le coignassier à fruit oblong, sont le coignassier mâle et le coignassier femelle, ainsi nommés dans les pépinières, où on les cultive en quantité comme sujets pour recevoir la greffe de la plupart des poiriers, et desquelles il est à propos de dire ici quelques mots.

Le *Coignassier mâle* se reconnaît aisément à sa petite taille, à la ténuité, et à la couleur très brune de ses bourgeons; mais ce qui le distingue encore plus particulièrement, ce sont ses fruits arrondis comme des pommes. Il est d'ailleurs très fertile.

Mais sa faiblesse ne permet pas de s'en servir comme sujet dans les pépinières. On s'en était servi par erreur dans la pépinière du Luxembourg, et les arbres ne prospéraient pas. Des plaintes sont arrivées de toutes parts et on a cessé de l'employer comme sujet.

Le *Coignassier femelle* tient le milieu entre le coignassier mâle et le coignassier de Portugal, pour la grandeur de l'arbre, celle de ses fleurs et de ses fruits : ceux-ci sont toujours figurés en poires, n'ont que deux à trois pouces de hauteur; jamais je ne l'ai vu haut de cinq pouces et demi, comme l'indique Duhamel, qui probablement l'aura confondu avec le coignassier à fruit oblong.

C'est le coignassier femelle ou à fruit pyriforme que l'on préfère comme sujet pour recevoir la greffe des poiriers de moyenne et faible vigueur.

Je parlerai des coings et de leurs propriétés quand je ferai l'histoire du genre.

Coing de Portugal.
De l'Imprimerie de Langlois.
Bouquet Sculp.

COIGNASSIER DE PORTUGAL.

Cidonia lusitanica. Poit. et Turp.

PENDANT long-temps, on n'a connu que les Coignassiers pyriforme et maliforme; le pyriforme est sans doute l'espèce primitive, car ce sont de ces Coings que l'Hercule du jardin des Tuileries tient dans sa main, et non des oranges qu'il aurait dérobées dans le Jardin des Hespérides, ainsi qu'on est porté à croire. Vint ensuite le Coignassier de Portugal et le Coignassier à fruit oblong à des époques qui n'ont pas été enregistrées. En 1800, nos jardins se sont enrichis du Coignassier de la Chine, et en 1815, du Coignassier du Japon; de sorte que nous cultivons aujourd'hui six sortes de Coignassiers, trois espèces et trois variétés. Les espèces seraient le Coignassier pyriforme, le Coignassier de la Chine, et le Coignassier du Japon; les variétés seraient le Coignassier pomiforme, le Coignassier à fruit oblong, et le Coignassier de Portugal; ce dernier est le plus cultivé et celui dont le fruit est le plus estimé.

Les Coings, ou fruits du Coignassier, diffèrent particulièrement des pommes et des poires en ce qu'ils ont de dix à vingt pepins superposés dans chaque loge, tandis que les poires et les pommes n'en ont que deux. Jusqu'en 1815, on ne connaissait que des Coignassiers à fleurs solitaires et terminales, et c'était un second caractère qui contribuait à les faire reconnaître; mais le Coignassier du Japon est venu avec ses fleurs groupées détruire la valeur de ce caractère, de sorte qu'aujourd'hui les botanistes n'ont de caractères bons, invariables pour distinguer le Coignassier du poirier et du pommier, que la différence du nombre des graines dans les loges de leur fruit.

Pendant long-temps on n'a formé des sujets pour recevoir la greffe de diverses sortes de poirier qu'avec le Coignassier à fruit pyriforme; mais, depuis quelques années, on a reconnu que le Coignassier de Portugal valait mieux pour cet usage, en ce qu'il donne des sujets plus forts, plus robustes, et plus en rapport avec la vigueur des poiriers.

Le Coignassier de Portugal est un arbre de 5 à 7 mètres (15 à 20 pieds) de hauteur, dont le tronc rarement droit se divise en rameaux diffus, et dont les nouvelles pousses sont cotonneuses; les feuilles sont grandes, ovales, allongées, vertes en dessus et cotonneuses en dessous.

Les fleurs sont solitaires, terminales, sessiles, grandes, d'un blanc rosé, et fort belles.

Le fruit est gros, ventru, un peu cotonneux, jaune, ventru, s'éloignant peu de la forme du dessin ci-joint. Quand il mûrit, il répand une odeur forte qui se communique même aux objets qu'il touche et qu'il conserve même pendant un certain temps. Sa chair est ferme, coriace, astringente et ne peut guère être mangée à l'état cru ; ses graines sont revêtues d'un mucilage visqueux, dont quelques médecins ont vanté la propriété.

Par la cuisson on fait perdre au Coing une grande partie de son acidité et de son odeur; si on unit sa pulpe avec du sucre, on l'adoucit encore plus et on en obtient des préparations fort agréables, telles qu'une gelée appelée *Cotignac*, des confitures, des compotes, des pâtes, et même un ratafia. La médecine l'emploie aussi dans beaucoup de cas et de différentes manières.

Les Coings mûrissent au commencement d'octobre, et se conservent rarement au-delà du mois de novembre.

Coignassier de la Chine

155.

COIGNASSIER DE LA CHINE.

Cydonia sinensis. Poit. et Turp.

ERS 1800, MM. Cels et Noisette reçurent en même temps de Hollande et d'Angleterre cette espèce toute nouvelle alors, que l'on croit originaire de la Chine, et d'où elle a dû être apportée en Europe dans l'une des dix dernières années du dix-huitième siècle.

En 1806, ses fleurs se sont montrées pour la première fois à Paris, chez M. Noisette, et ce ne fut qu'en 1811 que l'individu planté au Jardin-du-Roi a produit les deux premiers fruits qu'on ait jamais vus en Europe. Depuis lors on en voit chaque année dans différens endroits, mais toujours en petite quantité, parce que l'arbre est peu multiplié, que son fruit, quoique fort beau, n'est pas mangeable cru, et qu'on n'a pas encore trouvé le moyen de le rendre bon par la cuisson ni par l'art du confiseur.

Le Coignassier de la Chine est un arbre de 5 à 6 mètres de hauteur, droit, pyramidal, et d'un plus beau port que les autres Coignassiers, avec lesquels il n'a aucun rapport d'aspect: son écorce est grise, et à un certain âge elle tombe par lambeaux comme celle du platane.

Les feuilles sont ovales, longues de 54 à 81 millimètres, d'un vert luisant en dessus, pâles, finement réticulées et légèrement cotonneuses en dessous, terminées en pointe raccourcie, et bordées de dents en scie nombreuses et glanduleuses : leur pétiole est court, canaliculé, rougeâtre à la base, glanduleux sur les bords, et muni dans sa jeunesse de deux grandes stipules ovales munies d'oreillettes. L'involution de ces feuilles diffère de celle des autres Coignassiers : ici leurs deux demi-diamètres sont appliqués l'un contre l'autre, tandis que, dans les Coignassiers ordinaires, ils sont abattus ou couchés sur la nervure médiane.

Les boutons à fruits sont constamment uniflores et latéraux, au lieu d'être terminaux comme dans le Coignassier ordinaire; ils sont formés d'écailles profondément divisées en deux lobes, et entre les lobes des écailles intermédiaires, on trouve le rudiment d'une feuille plus développé qu'entre les lobes des écailles extérieures et intérieures. On reconnaît ces rudimens de feuilles en ce qu'ils sont sensiblement velus, tandis que les écailles, qui ne sont que des stipules sont glabres et même luisantes.

Au centre de chaque bouton, se trouve une seule fleur, dont on distingue déjà toutes les parties dès le mois de janvier, et qui, se développant peu-à-peu se trouvent épanouies à la fin d'avril et en mai. Alors les fleurs sont d'un beau rose, larges de 34 à 41 millimètres, et répandent une douce odeur de violette; leur ovaire est sessile, allongé en olive, très vert et très glabre, divisé intérieurement en cinq loges qui contiennent chacune de trente à quarante ovules. Le dessin ci-joint montre que la forme, la grandeur des pétales et la direction des étamines diffèrent sensiblement de la forme et de la direction qu'ont ces parties mêmes dans le Coignassier ordinaire.

Le fruit a exactement la forme d'un tonneau et n'est pas sujet à varier comme les autres coings; sa longueur est d'environ 108 millimètres; il est d'un vert jaune, lisse, marqué au sommet d'un léger enfoncement dans lequel était placé l'œil dont toutes les divisions sont tombées.

Sa chair est sèche, grossière, granuleuse, revêche et jaunâtre.

Son eau est acide et très peu abondante.

Des trente à quarante ovules que contenait chacune des cinq loges de l'ovaire, le fruit mûr n'en contient plus guère que le quart, changés en graines ou pepins ovales, courts, comprimés, de couleur marron, enduits d'une matière concrète un peu grasse comme dans les autres coings. L'embryon, qui n'offre rien de particulier dans sa structure, est doux à manger et a un petit goût d'amande.

Ce fruit peut se cueillir en octobre et novembre et se conserver jusqu'en avril. Les pluies d'automne le font beaucoup grossir, de sorte que s'il ne pleuvait pas, il faudrait arroser le pied de l'arbre. Pendant l'hiver, ce fruit répand une bonne odeur, fine, très agréable, qui donne envie de le manger; mais quand arrive le printemps, il en contracte une de coing ordinaire, moins forte cependant et tempérée par quelque rapport avec celle de l'ananas. En l'ouvrant, son odeur intérieure est loin de flatter comme son odeur extérieure.

Il est bien dommage qu'un aussi beau fruit, qui répand tout l'hiver une odeur si suave, ne puisse être mangé ni cru ni cuit. On espère qu'il pourra s'améliorer par la culture, mais qui tentera de le semer pendant vingt, cinquante générations ? Voilà 40 ans que nous le possédons et à peine les pépiniéristes le connaissent-ils, et il est encore peu répandu dans les jardins des curieux.

Le Coignassier de la Chine n'est donc encore qu'un arbre d'agrément. Il commence à végéter et à fleurir quelques jours avant le Coignassier ordinaire, et il paraît que c'est le froid seul qui suspend sa végétation à la fin de l'automne; c'est ce qui fait qu'il est un peu sensible à la rigueur de nos hivers. La beauté de ses fleurs au printemps, le ton gai de ses feuilles pendant l'été et les nuances de rouge et de jaune qu'elles prennent à l'automne, la figure particulière de ses beaux fruits lui donnent le droit de figurer avec avantage parmi les arbres d'agrément dans un jardin paysager.

Nefflier des bois.

De l'Imprimerie de Langlois.

Giraud sculp.

NÉFLIER DES BOIS.

Mespilus germanica. Poit. et Turp.

E Néflier est considéré comme le type d'où sont sorties les deux ou trois autres variétés à fruit plus gros, et tous ensemble forment un petit groupe naturel que les botanistes rangent parmi les épines auxquelles ils joignent aussi les azeroliers. C'est un petit arbre très irrégulier, souvent épineux, très élastique dans sa jeunesse, et dont le bois devient très dur et raide dans la vieillesse. Les jeunes drageons qu'il pousse souvent du pied sont fort estimés pour faire des manches de longs fouets.

Les feuilles sont oblongues ou presque lancéolées, épaisses, un peu pubescentes, longues de 3 ou 4 pouces (8 à 11 centimètres), les unes entières, les autres plus ou moins dentées; elles ont le pétiole très court, velu comme le jeune bourgeon qui les porte, et muni de stipules foliacées plus ou moins grandes.

Les fleurs sont terminales, solitaires et sessiles comme celles du Coignassier. Leur ovaire est turbiné, ordinairement accompagné de deux bractées linéaires et très longues; les cinq divisions calicinales sont lancéolées, étroites et aiguës; les pétales, à-peu-près de la longueur du calice, sont blancs, arrondis, concaves, et un peu frisés sur le bord. On compte dans chaque environ deux douzaines d'étamines d'inégale longueur, plantées sur un bourrelet glanduleux à cinq angles rentrans; le disque est couvert de soies, et, du centre de tout cet appareil, s'élèvent cinq styles moins longs que les étamines et terminés en petite tête oblique.

Si maintenant nous ouvrons l'ovaire, nous voyons qu'il est intérieurement divisé en cinq loges, et que chaque loge contient deux ovules placés l'un au-dessus de l'autre quoique attachés tous deux au même point : cela vient de ce que l'un est sessile et l'autre pédonculé comme dans tous les azeroliers.

Le fruit, constamment terminé par un large ombilic étoilé et couronné par les divisions calicinales, varie un peu de forme et de grosseur; on en trouve qui sont turbinés et allongés, d'autres qui sont ronds ou aplatis, et leur diamètre varie de 10 à 14 lignes (23 à 31 millimètres).

Selon Duhamel, quand le fruit est allongé les divisions de son calice se rapprochent et couvrent l'ombilic; quand au contraire il est court, ces divisions s'écartent et laissent l'ombilic à découvert.

La peau des nèfles est constamment d'un roux brun. On trouve dans leur intérieur cinq osselets comprimés raboteux, très durs, ordinairement monospermes, quoique la nature leur ait confié à chacun deux ovules.

Vers le temps des premières gelées, les gens de la campagne vont cueillir les nèfles dans les bois, les étendent chez eux sur du foin, de la paille où elles blettissent. Alors, elles sont douces; mais avant leur blettissement, elles sont si astringentes qu'il est impossible de les manger.

On cultive peu ce Néflier; mais on pourrait en faire des sujets pour recevoir la greffe des poiriers; si ce procédé réussissait, on aurait trouvé un sujet à-peu-près aussi nain pour le poirier, que l'est le paradis pour le pommier.

La figure ci-jointe montre une fleur de grandeur naturelle et différens détails qui n'ont pas besoin d'explication pour être parfaitement compris.

Nèfle sans noyaux.

201.

De l'Imprimerie de Langlois.

Bouquet sculp.t

NÈFLE SANS NOYAU.

Mespilus apyrena. Poit. et Turp.

L E Néflier est à-peu-près aussi fort que celui à gros fruits, mais ses feuilles sont beaucoup plus petites, la plupart entières, quelques-unes dentées seulement dans la partie supérieure, toutes légèrement lanugineuses en dessous le long de la nervure moyenne.

Le calice est très remarquable dans cette espèce ; il est constamment dilaté en cinq folioles larges, arrondies, blanches comme des pétales ; les deux plus extérieures conservent seulement une légère teinte verdâtre, et sont un peu plus aiguës au sommet. Les cinq pétales sont réguliers, ovales, échancrés au sommet et un peu plus longs que le calice. Les étamines sont nombreuses et couvrent tout le disque ; les plus extérieures sont les plus grandes et se développent les premières. Il ne paraît nul vestige de style au centre de ces étamines, et cette fleur doit être considérée comme parfaitement mâle.

L'ovaire ne présente aucune trace de loges ni de graines dans son intérieur, et cependant il se développe en nèfle figurée en toupie, couronnée par deux ou trois feuilles calicinales, dont une se développe quelquefois en petites feuilles.

Ce fruit est roux comme les autres et muni de petites verrues à la surface ; il est moins gros que la Nèfle des bois, mais il a l'avantage de n'avoir jamais de noyaux dans son intérieur, d'être plus délicat et de mollir régulièrement et en même temps plus tôt que les autres nèfles. Aussi Duhamel dit-il qu'on les préfère à toutes les autres ; cependant on ne le cultive guère que dans les collections. La dilatation et la coloration des folioles calicinales de cette espèce, la font reconnaître long-temps avant la maturité de ses fruits.

Obs. La Nèfle sans noyau est un des exemples qui montre combien sont futiles les connaissances physiologiques des botanistes, et combien leurs lois sont souvent mises en défaut par la nature. Ayant observé dans plusieurs cas que quand les ovules n'étaient pas fécondés le fruit ne grossissait pas, ils ont dit, en thèse générale : *Point de fécondation, point de fruit.* Mais les cultivateurs ont aussitôt prouvé l'existence de plusieurs fruits qui atteignent le dernier degré de leur développement, et qui néanmoins ne contiennent pas de graines. Alors les botanistes ont admis que la fécondation agit aussi sur le développement des fruits.

Cette concession ayant ouvert la porte à tous les écarts de l'imagination, on a mis sur le compte de la fécondation une infinité de phénomènes auxquels il est loin d'être prouvé qu'elle ait aucune part. Si une graine reste petite ou maigre, la fécondation, dit-on, a été incomplète. Si un fruit acquiert un volume outre mesure ou des formes inusitées, on dit qu'il a été fécondé avec excès, etc.

Toutes ces théories sont contradictoires, parce qu'elles ne sont basées que sur des faits isolés. Le Néflier sans noyau les détruit toutes, car ses fleurs étant absolument privées de styles et de stigmates, n'ayant que des étamines, sont simplement mâles dans toute la force du terme, et cependant elles produisent des fruits de bonne qualité.

EXPLICATION DES FIGURES DE LA PLANCHE CI-JOINTE.

1. Fleur entière.
2. Fleur vue en dessous. Le calice est blanc comme un pétale.
3. Pétale.
4. Coupe verticale d'un ovaire où l'on n'aperçoit pas le moindre rudiment de loge ni d'ovule.
5. Anthère un peu grossie.
6. Coupe circulaire d'un fruit. On découvre la coupe des grosses fibres de la charpente, mais nulle trace de graine.

Néfle de Correa.

De l'Imprimerie de Langlois.

NÈFLE DE CORREA.

Mespilus portentosa. Poit. et Turp.

VOICI l'un des écarts de la nature que l'on a coutume d'appeler *Mon-struosités,* et dont le véritable naturaliste tire souvent plus de lumières que de l'inspection de ce qui se présente dans l'ordre accoutumé. C'est une nèfle extraordinaire qui s'est développée sur un néflier à gros fruit, dans les environs de Paris, et probablement on en verrait quelquefois de semblables, si on voulait y prendre garde. Elle nous a été communiquée par M. Correa de Serra (1) en 1807, pendant que M. Turpin et moi nous occupions de notre grand TRAITÉ DES ARBRES FRUITIERS, et nous nous sommes fait un devoir d'y attacher son nom.

La nèfle de Correa est évidemment formée de quatre nèfles qui se sont entièrement soudées ensemble dans leur grande jeunesse, ou plutôt elle provient d'une fleur dont toutes les parties étaient quadruplées; car, tandis que les nèfles ordinaires sont couronnées par cinq folioles calicinales, celle-ci en porte vingt à son bord supérieur. L'ensemble du fruit, au lieu de se développer circulairement, s'est considérablement étendu de deux côtés opposés, et la hauteur n'ayant pas crû dans le rapport de la largeur, il en est résulté un fruit convexe, dont le sommet décrit deux tiers de cercle en se rabattant à droite et à gauche, et a déterminé la forme anormale et singulière que représente la planche ci-jointe.

A la maturité, ce fruit a pris la couleur brune roussâtre naturelle aux nèfles; la chair était comme celle des autres nèfles et de même qualité; mais les osselets, quadruplés en nombre, étaient plus grands, irréguliers et aplatis. La coupe verticale, placée auprès du fruit entier, montre la couleur de la chair et la disposition des osselets.

J'ai beaucoup regretté de n'avoir pu apprendre où était l'arbre qui avait produit cette nèfle; je me serais empressé d'aller le voir et d'en prendre des rameaux pour les greffer, car on sait que l'art du jardinage en est venu au point d'avoir déjà fixé et perpétué par la greffe un grand nombre de variétés accidentelles et fugitives, qui ne se seraient peut-être plus montrées, si on ne les eût pas enlevées pour les greffer sur un autre arbre. Presque tous nos arbres panachés n'ont pas d'autre origine. Une branche se panache par accident, on la

(1) Correa de Serra était un noble portugais qui habitait Paris sous l'empire et s'occupait d'histoire naturelle avec une grande distinction : l'empereur étant venu à le suspecter, le fit sortir de France, et il alla remplir les fonctions de consul pour sa nation à Philadelphie, où il est mort depuis 1830, en laissant une mémoire honorablement inscrite dans les sciences.

coupe, on la greffe, et la panachure se conserve, tandis que si on l'eût laissée en place elle ne se serait peut-être pas remontrée l'année suivante.

Un botaniste, qui n'est que botaniste, dédaigne de s'occuper de ces divers jeux de la végétation ; il regarde comme des monstres tout ce qui sort des règles étroites dans lesquelles il s'est enfermé, et qu'il s'imagine être celles de la nature. Cependant, l'étude de ces aberrations est très instructive ; il en jaillit souvent des traits de lumière qui guident le véritable naturaliste dans la recherche des vérités cachées sous différens voiles, et qu'il ne découvrirait peut-être jamais, sans l'étude préalable de ce qui paraît sortir des lois ordinaires.

Non-seulement, l'art sait fixer les variétés fugitives qui apparaissent fortuitement, mais il sait encore forcer la nature à varier ses productions pour notre profit ou notre plaisir. C'est à l'art, à l'industrie que nous devons la grande quantité de fruits délicieux qui ornent nos tables et flattent notre palais ; si l'homme suspendait ses travaux, tous ces fruits savoureux, toutes ces fleurs charmantes rentreraient dans le néant.

Nefflier à gros Fruit.

NÉFLIER A GROS FRUIT.

Mespilus macrocarpa. Poit. et Turp.

OUTES les parties de ce Néflier sont plus fortes, plus grosses que dans les autres espèces; cependant il est presque toujours moins élevé, parce qu'on le greffe sur épine pour en conserver la race, qu i est une variété obtenue par la culture, et que l'on ne peut perpétuer que par la greffe.

Les feuilles sont grandes, longues de 10 à 16 centimètres, convexes, creusées de sillons nombreux, et relevées de grosses bosses inégales entre les nervures qui les font paraître toutes bullées; elles sont presque toujours jaunâtres, et varient d'ailleurs beaucoup apparemment, car je leur trouve à peine quelques dents, tandis que Duhamel en a trouvé de très fines et très régulières sur les unes, de grandes et irrégulières sur les autres.

Les fleurs sont terminales, solitaires, sessiles, blanches, planes, larges de 54 millimètres.

L'ovaire est turbiné, cotonneux, et il a ordinairement une ou deux bractées adhérentes à la base. Les divisions du calice sont lancéolées, très aigus, ouvertes, plus longues que les pétales, et persistent jusqu'à la maturité du fruit. Les pétales sont arrondis, plans, constamment très plissés sur les côtés, à peine onguiculés. Les étamines sont plus courtes que la corolle, divergentes, insérées sur deux rangs, mais le rang intérieur est incomplet. Cinq styles plus courts que les étamines, et terminés en stigmates épaissit en tête, s'élèvent d'un disque soyeux au centre des étamines.

Le fruit a près de 54 millimètres de diamètre; il est couronné par le réceptacle de la fleur qui s'est extrêmement dilaté, et par les cinq divisions persistantes du calice.

La peau est d'un roux obscur, marquée de gros points bistrés. On trouve ordinairement dans ce fruit cinq osselets raboteux; très durs; mais quelquefois aussi on n'en trouve aucun.

Cette grosse Nèfle commence à mollir au centre; il peut arriver qu'elle soit pourrie à l'intérieur avant que le dehors soit attendri; c'est pourquoi Duhamel conseille de les rouler dans un van afin de les meurtrir à la superficie, et de les disposer à blettir aussi promptement à l'extérieur qu'à l'intérieur. On les étale ensuite sur de la paille où elles achèvent de mollir.

GENRE AZEROLIER, NÉFLIER.

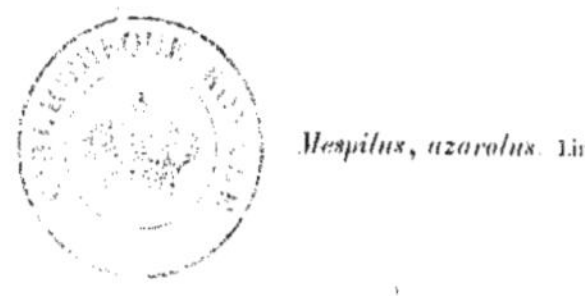

Mespilus, azarolus. Lin.

ES botanistes modernes, en étudiant de plus en plus les caractères des plantes, trouvent des ressemblances ou des différences qui avaient échappé à leurs prédécesseurs, et qui les autorisent à réunir ou à disjoindre les genres autrement que ne l'avait fait Linné. Mais les cultivateurs ne se croient pas obligés de suivre à la rigueur la nomenclature scientifique des botanistes, et ils conservent les anciennes dénominations sans s'embarrasser si la découverte de nouveaux caractères exige une nomenclature nouvelle. Il résulte de là qu'on ne s'entend pas toujours, surtout en parlant des genres *Pyrus, Malus, Cydonia, Cratœgus, Photinia, Raphiolepis, Chamœmespilus, Mespilus, Cotoneaster, Embotrya, Aronia, Azarolus,* qui actuellement sont tellement modifiés, changés, transmutés, que le plus intrépide a de la peine à s'y reconnaître. Heureusement que les botanistes n'ont pu éloigner les Néfliers des Azeroliers, et qu'ils les comprennent dans leur genre *Mespilus,* mot qui signifie demi-boule, parce que le fruit globuleux est comme tronqué au sommet. Ce genre renferme plusieurs petits arbres et arbrisseaux des deux mondes, à feuilles alternes, stipulées, entières ou incisées, à fleurs terminales, solitaires ou réunies en corymbe, et dont le caractère commun est d'avoir :

1° Un calice turbiné, divisé dans la partie supérieure en cinq découpures oblongues ou lancéolées et ouvertes.

2° Cinq pétales insérés à l'orifice du calice, ovales, onguiculés, et alternes avec les divisions du calice.

3° De vingt à trente étamines insérées au même lieu que les pétales.

4° Un ovaire adhérent à cinq loges de la forme du tube calicinal qui le contient, surmonté de cinq styles filiformes, de la hauteur des étamines, et terminés chacun par un stigmate obtus.

5° Un fruit pyriforme ou globuleux, charnu, couronné par le large réceptacle de la fleur et par le calice persistant, contenant dans son intérieur cinq osselets rugueux, biloculaires mais le plus souvent uniloculaires et monospermes par avortement.

HISTOIRE, CULTURE ET USAGE.

Les Azeroliers et les Néfliers sont des espèces du genre *Mespilus;* l'antiquité ne nous a laissé rien de bien remarquable sur leur histoire, et probablement ils n'ont jamais joué un grand rôle dans l'économie domestique et industrielle. Ce sont de petits arbres à bois fort dur, d'une croissance assez lente, en usage la plupart dans l'ornement des jardins paysagers, et d'une certaine utilité dans les ouvrages de tour. Le Néflier est remarquable par l'élasticité et la souplesse de ses rameaux.

Quant à leur culture, elle n'exige rien de particulier. Tous résistent aux rigueurs de son hivers, se multiplient de graines qui sont quelquefois deux ans à lever si on ne les sème pas avant l'hiver, et se greffent en fente ou en écusson les uns sur les autres.

Pour ce qui est de l'usage de leurs fruits, il n'est pas très répandu à Paris, excepté les Nèfles que l'on mange quand elles sont devenues molles. En Italie, les Azeroles viennent mieux qu'en France et y sont plus estimées. Quelques-unes sont originaires de l'Amérique septentrionale, et une autre nous est venue de la Chine sous le nom de Bibace. En général ce sont des fruits de fantaisie et qui ont peu de valeur vénale.

AZEROLE ÉCARLATE.

Mespilus coccinea. Pers. et Turp.

E conserve à cet arbre le nom d'Azerolier quoiqu'on le désigne aujourd'hui sous le nom de Néflier dans l'école de botanique du Jardin-du-Roi, parce que je crois que jamais l'autorité de la science botanique ne pourra faire que le cultivateur ou le simple amateur s'accoutume à n'employer qu'un seul et même nom générique pour désigner les Azeroles et les Nèfles. La nature a donné à chacun de ces deux groupes un extérieur tellement différent qu'il a fallu toute la sagacité du botaniste pour trouver le point de contact qui les unit en un seul genre. Or, ce point de contact n'étant que du ressort de la botanique, le cultivateur trouvera toujours autant de différence entre un Azerolier et un Néflier, qu'entre un Abricotier et un Prunier.

L'Azerolier écarlate est un petit arbre de l'Amérique septentrionale, qui ne s'élève guère qu'à la hauteur de 7 mètres, forme une tête assez conique, et tire son nom de la couleur rouge de ses fruits. On en distingue aisément deux variétés, l'une à bois rouge et l'autre à bois blanc. Il est épineux ou sans épines ; lorsqu'il en offre, c'est ordinairement sur les plus forts bourgeons, et elles sont axillaires, fort longues, simples, raides et dangereuses.

Les feuilles sont ovales, longues de 6 à 10 centimètres, incisées, à découpures dentées en scie, glabres et d'un vert tendre en dessus, pâle et légèrement cotonneuses en dessous. Dans leur jeunesse, elles ont des stipules caulinaires, lancéolées, très aiguës et qui tombent bientôt ; mais elles en ont encore d'autres pétiolaires, lunulées, larges et laciniées qui sont persistantes.

Les fleurs naissent en corymbes, et se développent huit à dix jours avant celles de l'Alisier à feuilles de Poirier, qui est du même pays : elles sont aussi un peu plus grandes, également blanches et répandent une légère odeur d'aubépine ; leurs pédoncules sont d'autant moins cotonneux que l'arbre est plus vigoureux et planté dans un sol plus frais et plus ombragé. On ne trouve ordinairement que 8 ou 10 étamines dans chaque fleur, mais on observe fréquemment que plusieurs filets sont soudés en un seul, ce qui pourrait en porter le nombre jusqu'à vingt, qui est le nombre normal dans ce genre. Les styles varient de trois à cinq et sont un peu velus à la base.

Les fruits sont gros comme une balle de mousquet, d'un très beau rouge écarlate, fleuris d'une légère poudre blanche qui adoucit un peu la vivacité de leur couleur.

Leur chair est jaune, suffisamment aqueuse, assaisonnée de sucre et d'acide dans des proportions qui la rendent agréable. Le centre est occupé par 3 ou 5 osselets, comprimés, figurés en rein.

La maturité de ce fruit arrive vers le 20 septembre. L'arbre est cultivé comme arbre fruitier et comme arbre d'agrément.

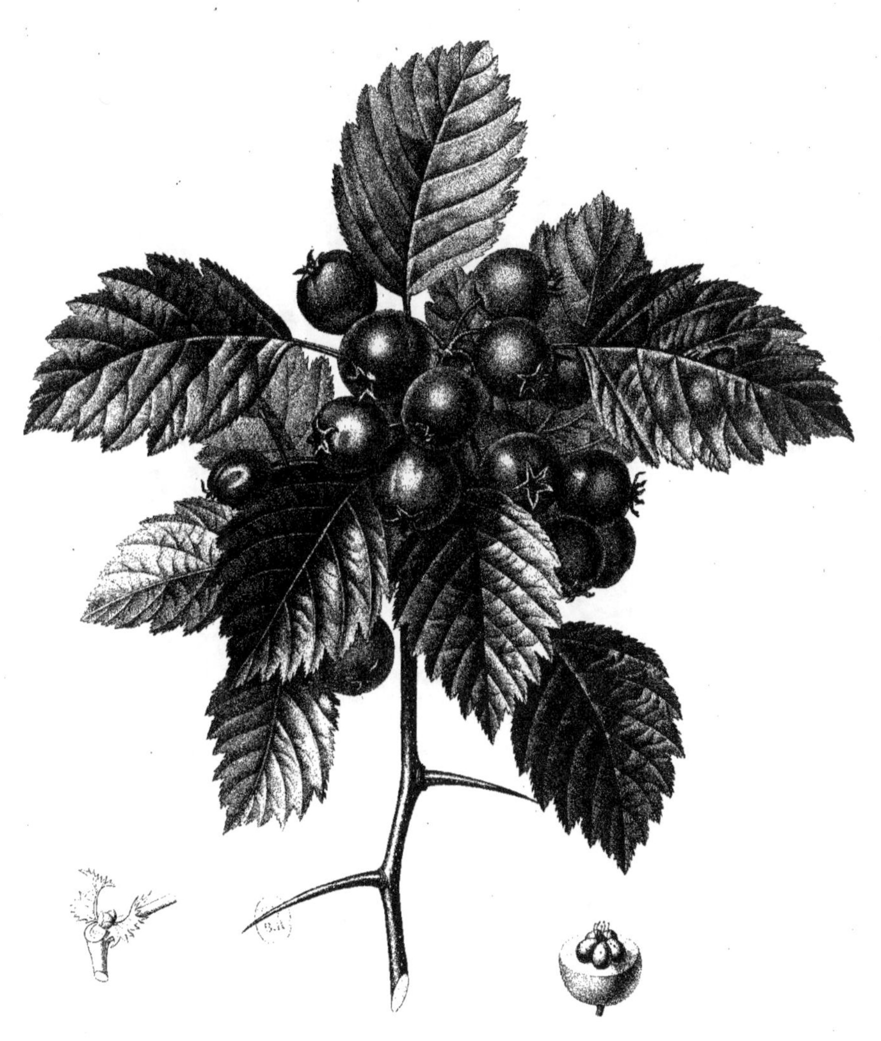

Azerolier à fruit écarlate. 288.

De l'Imprimerie de Langlois.

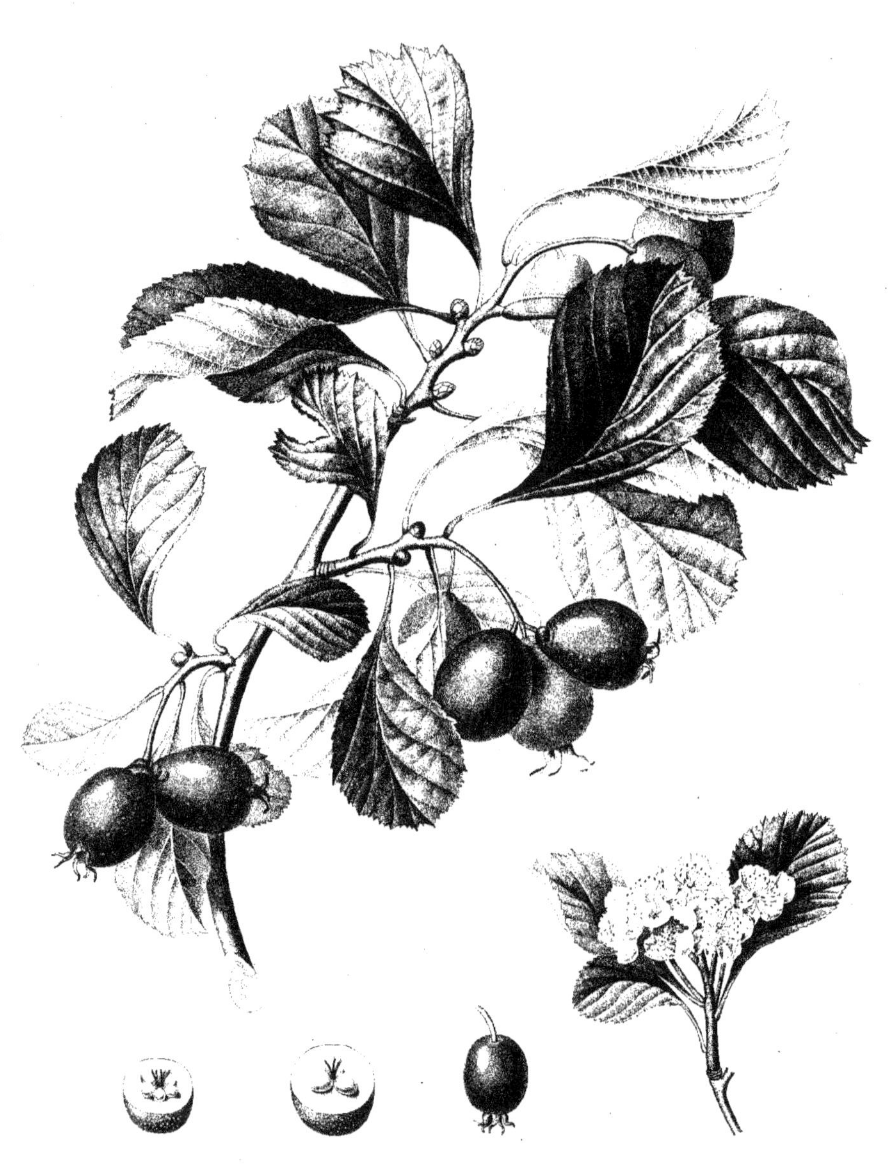

Azerolier, à feuilles de poirier (fruit rouge.)

Poiteau pinx..   De l'Imprimerie de Langlois.   Turonty sculp..

AZEROLIER

A FEUILLES DE POIRIER, FRUIT ROUGE.

Mespilus pyrifolia , fructu rubro. Poit. et Turp.

'AMÉRIQUE septentrionale nous a donné cet arbre et sa variété à fruit jaune, que je décrirai ci-après. L'un et l'autre sont cultivés depuis long-temps au jardin des Plantes où on en sème les graines tous les ans. Les arbres qui en proviennent sont épineux dans leur jeunesse; ils ont les bourgeons rouges et ponctués; les feuilles, ovales, raides, bordées de dents aiguës, sont portées par des pétioles courts, munis de grandes stipules falciformes et frangées; ces feuilles rougissent beaucoup aux approches de l'hiver. Les arbres en grandissant changent d'aspect; ils affectent la forme d'un petit pommier; leurs épines disparaissent, leurs feuilles prennent une autre di-mension, une autre forme; elles se rétrécissent en forme de coin vers la base et s'arrondissent au sommet, excepté sur certaines branches trop vigoureuses pour porter du fruit, où elles se trouvent allongées également des deux bouts. Elles ont les ner-vures latérales parallèles entre elles, obliques, simples, creusées en sillon en dessus, saillantes et un peu velues en dessous; toute leur circonférence est bordée de petites dents presque égales, mais le plus souvent la partie supérieure a encore de grandes échancrures entre les nervures. Le pétiole est court, semi-cylindrique rougeâtre, nu sur les branches fructifères, muni de grandes stipules falciformes et frangées sur la plupart des branches gourmandes.

Les boutons à fruit sont gros, obtus, rougeâtres, imbriqués d'écailles arrondies, épaisses et luisantes. En septembre on découvre déjà à leur centre les fleurs de l'année suivante.

Les fleurs se développent à Paris vers le 10 avril : elles sont blanches, nombreuses, disposées en petit corymbes serrés au sommet des rameaux. Leur odeur n'est ni forte ni agréable. L'ovaire est turbiné, surmonté d'un calice à 5 divisions linéaires, plates, aiguës, réfléchies, entières dans leur plus grande longueur, munies seulement vers l'extrémité de quelques petites dents glanduleuses. Les pétales sont concaves, très chiffonnés, lacérés et plissés sur les bords; ils entourent une vingtaine d'étamines plus courtes qu'eux, terminées par des petites anthères vacillantes d'un rose violet faible. Au centre de ces étamines on trouve de 3 à 5 styles, soyeux tout à la base, simples et nus dans leur longueur et terminés en stigmate capité. Si on ouvre un ovaire encore jeune, on voit aisément que chaque loge contient deux ovules attachés latéralement l'un au dessus de l'autre à l'axe central, mais il en avorte toujours au moins un dans chaque loge.

Les fruits sont d'un beau rouge vif, tirant sur le feu, assez nombreux, pendans ou inclinés, solitaires ou groupés. Leur grosseur et leur forme varient un peu selon l'âge des arbres et selon certaines circonstances; on en voit qui sont ovales, d'autres figurés en poire, quelquefois toruleux auprès de la queue; leur diamètre moyen est d'environ 18 à 20 millim. (8 à 10 lignes). On remarque à leur surface des points inégaux jaunes ou verdâtres, au centre desquels est un autre point noir. Le sommet est couronné par les cinq divisions calicinales qui sont devenues très grandes.

La chair est jaune; l'eau est peu abondante, acidulée et agréable. Le centre est occupé par 3, 4 ou 5 osselets dont quelques-uns sont toujours vides ou dont la cavité intérieure est entièrement remplie par l'épaisseur de la paroi. On trouve rarement deux amandes parfaites dans la loge d'un osselet.

Ces Azeroles mûrissent à Paris vers le 15 septembre. Elles ne sont guère qu'un fruit de fantaisie; on les rencontre plus fréquemment dans les grands jardins d'agrément que dans les jardins fruitiers.

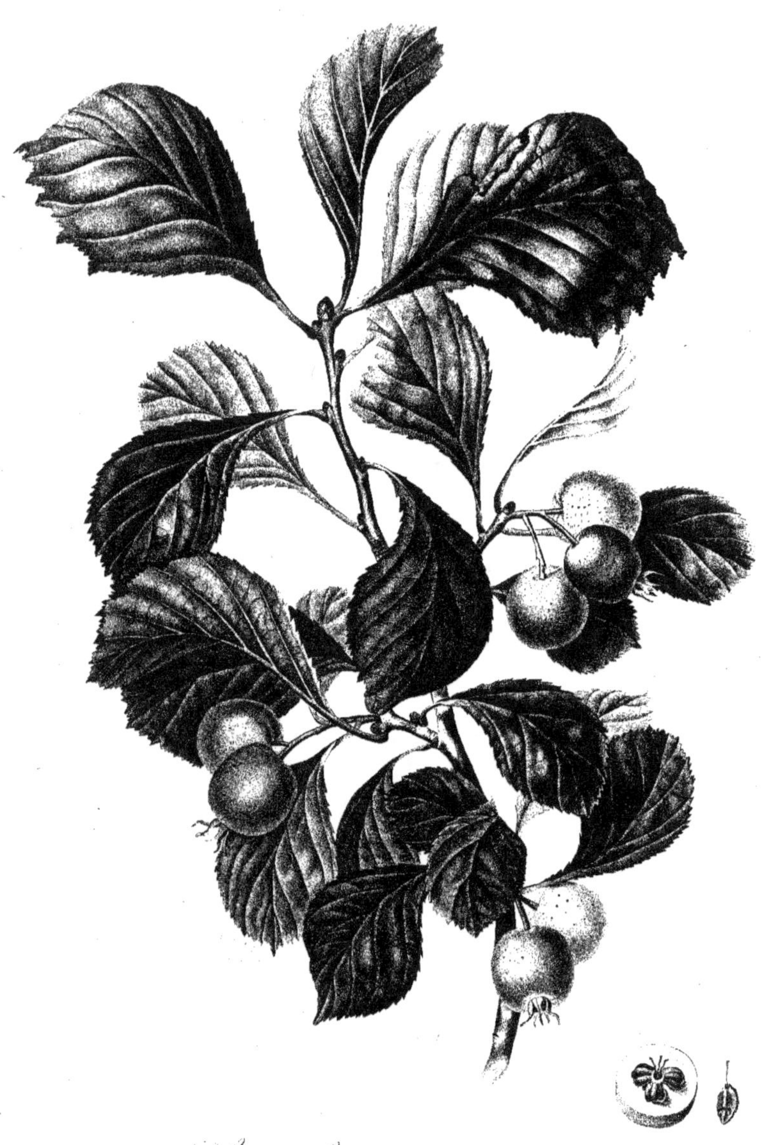

L'Azerolier à feuilles de poirier. *(fruit jaune.)*

Poiteau pinx.

De l'Imprimerie de Langlois.

Perrot sculp.

AZEROLIER A FRUIT JAUNE.

Mespilus pyrifolia, fructu luteo. Poit. et Turp.

'AI peu de chose à dire de ce fruit, qui est évidemment une variété de l'Azerolier à feuilles de Poirier, dont le fruit, au lieu d'être rouge, est constamment jaune. L'arbre a le même port et la même grandeur que dans l'espèce, peut-être n'est-il pas aussi fertile; son fruit est constamment un peu plus petit et mûrit à la même époque.

Cette variété est assez rare dans les collections. Elle existait dans le jardin de M. de Choiseul, aux Champs-Élysées, où j'ai fait le dessin ci-joint, et je ne l'ai jamais rencontrée ailleurs. Elle était venue de l'Amérique septentrionale avec beaucoup d'autres arbres rares que l'on remarquait dans ce jardin, et qui aujourd'hui sont la plupart détruits.

Azerolier à feuilles de Tanaisie.

Poiteau pinx.t   De l'Imprimerie de Langlois   Bodriguez sculp.t

AZEROLIER

A FEUILLES DE TANAISIE.

Mespilus tanacetifolia. Poit. et Turp.

ET Azerolier est un petit arbre originaire d'Orient, ordinairement tortueux et difforme, et qui, dans les meilleurs terrains, a toujours un air rabougri, quoique plein de santé. Ses rameaux sont très courts, nombreux, diffus, très raides; les jeunes bourgeons sont velus, striés, crevassés, d'un gris foncé et terminés par une épine droite et très forte.

Ses feuilles sont petites, nombreuses, la plupart divisées profondément en cinq lobes oblongs, denticulés; mais vers l'extrémité des bourgeons on en trouve qui n'ont encore que trois lobes, celui du milieu n'étant pas encore divisé en trois parties; toutes sont luisantes, d'un vert sombre en dessus, pâle en dessous, pubescentes partout, bordées de petites dents terminées en glande capitée. Le pétiole a deux grandes et larges stipules dentées à la base, et on trouve dans son aisselle un gros bouton roux arrondi.

Les fleurs sont disposées en petit corymbe convexe très serré aux extrémités des rameaux. Elles sont plus grandes que celles d'aucune autre épine, à peine pédonculées, d'un blanc sale, un peu verdâtres, et répandent l'agréable odeur de l'aubépine; chaque ovaire est toujours muni à sa base de plusieurs folioles ou bractées ciliées et glanduleuses sur les bords. La plus grande partie de ces fleurs avorte constamment sous le climat de Paris; de sorte que les fruits qui leur succèdent sont toujours peu nombreux.

Le fruit est jaune, légèrement pubescent, arrondi, du diamètre d'environ 23 millim. (10 lignes), et ayant l'aspect d'une petite pomme; il est déprimé à la base et au sommet, couronné par les divisions du calice qui sont larges, courtes et dentées, conniventes ou écartées. Quelques-unes des folioles indiquées à la base de l'ovaire persistent souvent sur le fruit.

La chair est un peu moins jaune que la peau.

L'eau est d'un acide agréable, analogue à celui d'une pomme; mais elle n'est pas assez abondante, et quelquefois on lui trouve une idée d'amertume.

Au centre du fruit se trouvent cinq osselets raboteux, comprimés sur les côtés, convexes en dehors, soyeux au sommet, et conservant chacun son style qui prend naissance au-dessous du sommet comme dans toutes les rosacées, ce qui est un des caractères de la famille.

Cet arbre, assez rare dans les jardins, fleurit douze jours avant l'Azerolier à feuilles de Poirier, qui lui-même fleurit huit jours après l'Azerolier cocciné, et son fruit mûrit vers le 20 septembre aux environs de Paris. On le multiplie de semence et par la greffe sur l'épine blanche ou autre.

GENRE NOYER

Juglans. Linné.

ENRE de plantes de la famille des térébinthacées (Jus.), composées de grands arbres de l'Asie et de l'Amérique, à feuilles alternes, ailées, à fleurs monoïques, et dont le caractère générique est d'avoir :

1° Les fleurs mâles disposées en chaton sur le bois de l'année précédente; chaque écaille (1) du chaton est divisée en sept découpures dont six latérales et plus inférieures, triangulaires, forment une espèce de calice qui contient une vingtaine d'anthères oblongues, biloculaires et sessiles ;

2° Les fleurs femelles naissent à l'extrémité de la pousse de l'année ; elles sont réunies de trois à vingt ensemble, composées chacune d'un ovaire ovale, surmonté d'un calice à quatre divisions, d'une corolle à quatre pétales qui n'ont d'importance et même ne sont visibles qu'aux yeux des botanistes. Au centre de ces organes s'élève un style qui se divise en deux branches divergentes chargées de papilles foliacées.

3° D'un fruit ovale ou arrondi, appelé *noix*, composée d'une partie charnue à l'extérieur appelée *brou*, et à l'intérieur d'une autre partie osseuse appelée *coque*, qui se divise en deux *valves*, semiquadriloculaire, et contenant une amande semiquadrilobée, diversement torulée et ayant la radicule supère.

HISTOIRE, CULTURE, USAGES.

La grosseur du tronc du noyer, la vaste étendue de ses branches, l'ombre considérable qu'il porte, l'odeur forte de ses feuilles, le grand nombre d'années qu'il faut attendre pour jouir de ses fruits, sont des raisons suffisantes pour autoriser son exclusion des jardins et des vergers. Nous croyons même qu'il serait absurde de le cultiver par spéculation dans un terrain susceptible de toute autre culture. Il n'y a personne qui n'ait été frappé du tort considérable qu'il porte aux graines céréales de son voisinage; sa tête altière et superbe, ses racines longues et nombreuses ne permettent pas même aux arbres domestiques de croître auprès de lui ; c'est un être insociable qu'il faut isoler ou se résoudre à le voir dévorer tout ce qui l'entoure.

---

(1) Les écailles sont des feuilles en miniatures, à sept folioles, qui représentent en petit les feuilles de l'arbre.

Un coteau pierreux au couchant convient parfaitement au noyer. Il végète très bien dans les lieux bas et humide, mais il y craint trop les gelées tardives. Les carrefours, les terrains vagues, les bords des larges chemins où l'on ne cultive pas de céréales, les lisières des pâturages, sont les endroits où l'on doit planter les noyers.

On plante cet arbre, ou pour son fruit, ou pour son bois. Dans le premier cas, on a pour but de livrer ses fruits à la consommation, ou d'en tirer de l'huile; dans le dernier cas, c'est un legs que l'on fait à ses petits-enfans, car le noyer croît jusqu'à l'âge de quatre-vingts ans et vivrait deux siècles si, de temps en temps, il ne survenait un hiver rigoureux qui le tue ou du moins altère beaucoup son organisation.

La multiplication ordinaire du noyer se fait par semis en pépinière à l'automne. Au second printemps suivant on doit lever le plant, retrancher une partie de son pivot et le replanter en rang à 2 pieds de distance pour qu'il fasse des racines latérales. Sa tige sera tenu droite au moyen d'un tuteur, et on ne la rabattra jamais. Deux ou trois ans après, on le relevera pour le replanter de nouveau en pépinière à la distance de 4 pieds, afin de lui faire produire du chevelu et de petites racines qui favoriseront sa reprise lorsque trois ou quatre ans après on le relevera pour le mettre définitivement en place. Il arrive par ce moyen que le noyer naturellement porté à produire un fort pivot et peu de racines, est forcé de produire des racines latérales sans lesquelles sa reprise serait fort incertaine. Il arrive aussi que l'arbre se ramifie davantage, devient moins haut, et rapporte plus de fruits.

Si l'on avait pour but d'obtenir des arbres élevés, d'une grande dimension, enfin que l'on spéculât sur la valeur du bois, il faudrait semer le noyer non en pépinière, mais en place et à demeure, parce qu'un arbre qui conserve son pivot s'élève davantage et croît plus vigoureusement que celui qui l'a perdu dans son éducation. Alors aussi il faudrait protéger sa jeunesse, pendant long-temps contre les accidens de toute espèce auxquels elle serait exposée dans un carrefour ou le long d'un chemin.

Ce n'est qu'à l'âge de 10 à 15 ans de plantation qu'un noyer commence à rapporter convenablement, et il paraît être dans son plus grand rapport à l'âge de soixante ou quatre-vingts ans.

Quand on sème une noix, on n'est pas sûr qu'elle reproduira son espèce. Lorsqu'on tient à avoir certaine espèce, on la greffe ordinairement sur un noyer de semis, par la greffe en flûte qui, pendant long-temps, a été regardée comme la seule praticable sur cet arbre et sur le châtaignier; mais aujourd'hui on multiplie ces deux arbres avec succès par la greffe en écusson, qui est beaucoup plus simple; seulement elle exige quelques précautions contre les vents qui pourraient la décoler lorsqu'elle vient à pousser.

L'hiver de 1709 fit périr la majeure partie des noyers en France. Ceux de 1769 et 1788 les endommagèrent beaucoup en leur occasionant des crevasses longitudinales qui détruisirent une partie de leur organisation, affaiblirent leur végétation, et altérèrent sensiblement la qualité de leur bois.

On sait que le bois du noyer est très recherché et très cher, qu'il fournit des planches longues, minces, et qu'une fois sec, il a l'avantage de ne plus se tourmenter. Les menuisiers, les ébénistes, les carossiers, les sculpteurs les statuaires font beaucoup de cas de son bois, qui pourrait difficilement être remplacé par un autre bois indigène.

Les chatons mâles du noyer, séchés à l'ombre et mis en poudre à la dose d'environ un dragme dans de l'eau de plantin, sont recommandés dans la dysenterie, ils sont aussi émétiques et sudorifiques.

On fait aussi usage de l'huile de noix dans la médecine, dans les alimens et dans les arts. Sa propriété siccative la fait employer en peinture en place d'huile de pavot, qui tient toujours le premier rang; elle est aussi estimée bonne contre les vers et contre la gale qui vient au visage des enfans.

Les anciens ont reconnu dans la noix une espèce de contre-poison. Pline rapporte que Mithridate faisait grand cas d'un antidote composé de deux figues, deux noix et vingt feuilles de rue avec un grain de sel. En Angleterre, les noix rôties, mangées à jeun, sont regardées comme un préservatif contre le mauvais air.

On fait dans les campagnes un ratafia nommé *brou-de-noix*, employés comme stomachique, et dont les bons effets nous sont connus. Voici sa composition: faites infuser une douzaine de noix vertes un peu concassées avec leur brou dans un litre d'eau-de-vie ; trois semaines après décantez la liqueur et ajoutez-y du sucre.

Tout le monde connaît et mange les cerneaux. Les noix fraîches sont agréables, elles excitent l'appétit dans un bon estomac, mais les poitrines faibles les craignent. Il est inutile de les défendre lorsqu'elles sont vieilles, car alors elles sont rances, provoquent la toux, nuisent à la gorge et rebutent quiconque voudrait en manger.

NOYER ORDINAIRE.

Juglans regia. Poit. et Turp.

PRÈS ce qui vient d'être dit, il me reste peu de chose à faire connaître relativement à la noix ordinaire figurée ci-contre. Je rappellerai seulement que sous le nom de noix ordinaire, on confond souvent des variétés dont la coque est si épaisse, si dure, et l'amande si difficile à extraire, qu'on a de la peine à en tirer parti. On les appelle *noix de Bocage ;* il faut se garder de les semer. Il est une autre variété appelée *noix Mésange* dont la coque est si tendre et si fragile au sommet que l'amande s'altère aisément; elles doivent être mangées fraîches. D'autres sont plus ou moins grosses, rondes ou ovales, tendres ou dures, et plus ou moins savoureuses. Dans les publications suivantes nous figurerons celles des variétés qui sont les plus estimées.

35.

Noix à Bijoux.

Potteau Pin.x.   De l'Imprimerie de Langlois.   Bouquet Sc.

NOIX A BIJOUX.

Juglans ornatorum. Poit et Turp

OICI la plus grosse des noix connues, et cependant elle est une des moins cultivées ou des moins répandues, d'abord, parce que les noyers qui rapportent les plus gros fruits sont ceux dont le bois est le moins dur, le moins nuancé et le moins estimé pour faire des meubles; ensuite parce que les groses noix sont toujours les moins pleines, et qu'elles moisiraient en dedans si on voulait les conserver quelque temps. Aussi la police des halles de Paris ne permet d'en vendre que d'ouvertes. Elles font de très gros et de bons cerneaux.

A l'approche du commencement de chaque année, on voit, chez les marchands du Palais Royal, de ces grosses noix, couvertes d'une feuille d'or ou d'argent, ou entourées seulement d'un ruban de couleur; elles se donnent pour étrenne et contiennent une paire de gant ou de bas très adroitement pliés. L'usage de donner pour étrenne une paire de gant ou de bas enfermés dans une noix existe en France depuis fort long-temps sans doute, car, j'ai dû avoir lu quelque part que le fameux général Malborough, pendant ses campagnes sur le continent, en envoya une à sa femme qui était à la cour d'Angleterre; que cette noix excita la jalousie de la reine, causa la disgràce de la femme du général, et contribua peut-être à celle du général lui-mème.

Dans les premières années du XIXme siècle, on rendit ces noix encore plus merveilleuses; on imagina d'y renfermer plusieurs petits instrumens agréables de toilette et de travail. Pour cela on borda les deux coques de la noix d'un cercle d'or, et on les unit par une charnière comme une tabatière. Quand on l'ouvre, on voit que l'intérieur est tapissé en velours pourpre ou vert, et que la coque qui forme le fond est fermée par une lame d'or percée de trous pour recevoir debout les objets que l'artiste a jugé à propos d'y renfermer. Plus la noix est grosse, plus le nombre des objets qu'elle contient est considérable. Celle que j'ai sous les yeux est une des plus grosse, et elle renferme : 1° un joli petit almanach relié en maroquin; 2° un dé d'ivoire garni en or; 3° des tablettes en ivoire pour écrire ou pour dessiner; 4° une paire de ciseaux; 5° un crayon; 6° un passe-lacet; 7° un cure-oreille;

8° une pince; 9° un étui; 10 un grattoir; 11° un crochet, 12° un entonnoir. Tous ces objets sont forts jolis, mais trop délicats pour être mis entre les mains des enfans, et trop petits pour l'usage des grandes personnes; de sorte qu'en admirant la patience et le talent de l'artiste, on est obligé de convenir qu'il a fait une chose fort inutile.

Noix de jauge.

NOIX DE JAUGE.

Juglans cuneata. Poit. et Turp.

 'AI déjà rappelé que les noyers à gros fruits avaient un bois moins estimé que ceux à petit fruit. Dans ce noyer le fruit est gros, remarquable en ce qu'il diminue d'une manière conique vers la base. Il a la coque assez mince, mais elle n'est pas tendre comme dans quelques autres variétés, et l'amande ne l'emplit pas exactement. Il faut manger cette noix en cerneaux, car outre qu'elle n'est pas d'une facile conservation, parce qu'elle n'est pas très pleine, elle est bien inférieure à la noix commune lorsqu'on la mange sèche.

NOISETIER.

Corylus.

ENRE de la famille des Cupulifères, *Rich.*, comprenant plusieurs grands et petits Arbrisseaux indigènes et exotiques, à feuilles simples, alternes, à fleurs monoïques, et dont le caractère commun est d'avoir :

1° *Fleurs mâles* disposées en longs chatons cylindriques, dont chacun est composé d'un axe filiforme, autour duquel sont insérées un grand nombre d'écailles imbriquées, trifides, à divisions intermédiaires dorsales. Chaque écaille porte intérieurement de huit à douze anthères ovales, presque sessiles, uniloculaire, s'ouvrant du bas en haut et terminées par deux ou plusieurs petites soies.

2° *Fleurs femelles* placées au-dessus des chatons mâles, réunies en petits boutons ovales, formés d'écailles imbriquées, entières, dont les plus extérieures recouvrent des rudimens de feuilles, tandis que les plus intérieures recouvrent chacune trois pistils.

3° *Ovaires* ovales, adhérens, entourés chacun d'une cupule frangée, surmontés chacun de deux styles filiformes, très longs, toujours rouges, terminés en pointe.

4° *Noix* ovale, osseuse, évalve, couronnée par un rudiment de calice et entourée d'un grand involucre, découpé ou frangé au sommet. Cette Noix ou Noisette, dans sa jeunesse, contient deux ovules soutenus au bout d'un long cordon qui part de la base et s'élève jusqu'au sommet de la cavité. Des deux ovules, un seul persiste ordinairement, et il se développe dans son intérieur une grosse amande renversée qui emplit toute la cavité de la Noisette après avoir absorbé une substance blanche, acidulée, qui emplissait la loge. Cette amande, recouverte d'une mince membrane, se compose de deux grands cotylédons, d'une gemmule et d'une petite radicule à peine saillante au sommet.

HISTOIRE, USAGE ET CULTURE.

Les Noisetiers forment un genre très naturel, composé aujourd'hui de sept espèces et quelques variétés : deux nous sont venues d'Amérique, et ce sont les plus petites du genre; trois croissent naturellement en Europe et se développent en grands arbrisseaux; deux autres sont originaires de l'Orient et deviennent de grands arbres. Toutes ont les jeunes pousses pubescentes et visqueuses, les feuilles simples, plissées, alternes, soyeuses dans leur jeunesse et munies en dessous de glandules brillantes. Les stipules adhèrent en partie au bourgeon et en partie au pétiole, et n'offrent pas de caractères spécifiques comme l'ont cru Linné et Wildenow. Les plus bas sont arrondis et ils se rétrécissent graduellement, de façon que les plus hauts sont linéaires.

Les fleurs mâles et les fleurs femelles commencent à paraître en décembre, se développent tout doucement pendant l'automne et l'hiver, et se trouvent pleinement développées en mars sous le climat de Paris. Les mâles sont très apparentes, très nombreuses et remarquables par leur couleur sulfureuse et la grande quantité de pollen qu'elles répandent. Quant aux femelles, elles ne sont pas aussi apparentes, et il faut les chercher de près pour les voir; on les découvre cependant en examinant l'extrémité de chaque rameau; plusieurs d'entre eux sont terminés en bouton ovale, d'où sort une petite houppe de filets très rouges, qui ne sont autre chose que les styles des fleurs femelles renfermées dans le bouton.

La Noisette a déjà atteint sa grosseur naturelle avant que son amande ait encore pris aucun développement sensible: elle est jusque-là pleine d'une substance blanche, spongieuse, acidulée, qui disparaît peu-à-peu en faisant place à l'amande qui se développe sans doute aux dépens de cette même substance.

L'amande de la Noisette est sèche, inodore, d'une saveur douce et agréable. On en retire un suc laiteux, émulsif, et une huile très douce, employée à divers usages; mais les Noisettes sont plus généralement destinées à être mangées crues au dessert, comme les amandes, qu'à tout autre usage. On peut cueillir à la main celles que l'on veut manger de suite, mais il faut secouer l'arbre pour faire tomber celles que l'on veut conserver pour l'hiver.

On ne cultive dans nos jardins, comme arbres fruitiers que la Noisette franche et l'Aveline; elles aiment l'exposition nord; aussi est-ce toujours le long d'un mur, à cette exposition, qu'on établit la noiseterie. Les jeunes pieds se plantent à un mètre du mur et à cinq ou six mètres l'un de l'autre; et pourvu que la terre soit perméable, pierreuse ou non, d'une moyenne fertilité, ils ne tardent pas à pulluler et à former autant de touffes, dont les tiges les plus vigoureuses s'élèveront à la hauteur de 4 à 5 mètres (12 à 15 pieds), étendront leurs branches en tout sens et donneront du fruit en quantité. On emploie ordinairement pour former une noiseterie des drageons pris au pied d'anciens noisetiers dont on connaît l'espèce, ou bien des marcottes élevées sur des *mères* dans les pépinières; mais on peut aussi en former une avec succès par le semis de Noisettes prises dans le commerce, en les mettant en terre à l'automne, et prenant garde que les mulots, qui en sont très friands, ne les emportent.

Quand une tige de Noisetier a 15 ou 18 ans elle commence à perdre de sa vigueur, alors il est bon de la couper rez-de-terre pour donner de l'air et de la force à plusieurs scions qui sont déjà poussés sur la souche et qui la remplaceront.

Les jeunes tiges de Noisetier sont très flexibles et propres à divers ouvrages de vanerie et à faire de petits cerceaux. Lorsqu'elles sont grosses, on en fait des tasses, des étuis, des pieux, des fourches, des claies, des cerceaux, de bons échalas et du bois de chauffage. Le charbon sert à faire des crayons; il entre dans la fabrication de la poudre à canon.

Quand il y avait des sorciers sur la terre, c'était avec une baguette de Noisetier qu'ils trouvaient les mines d'or et d'argent, les métaux cachés dans son sein; ils plaçaient la baguette en équilibre sur un doigt de la main, et le bout qui s'inclinait indiquait que là était un trésor. Fallait-il que la justice de nos pères fût aveugle pour avoir brûlé des gens si utiles? Autre temps, autres mœurs. Aujourd'hui les plus malins sont les plus considérés.

3. 4. 5. 6. 7. 8. 9. 10. 11. 12. 13.

Noisetier des bois.

213.

Poiteau pinx.   De l'Imprimerie de Langlois.   Bouquet sculp.

NOISETIER DES BOIS.

Corylus silvestris. Poit. et Turp.

E Noisetier est extrêmement commun dans les bois et les haies aux environs de Paris. Il croît dans les latitudes de l'Europe, à toutes les expositions et dans toute sorte de terrain; mais il languit et reste bas dans les terres sèches et arides, tandis qu'il devient un moyen arbre à l'exposition du nord dans un terrain frais et léger, comme il s'en trouve dans le bois de Meudon et dans le parc de Saint-Cloud.

On en voit dans ces endroits dont le tronc a plus de 3 décimètres (1 pied) de diamètre à une certaine distance du sol, et qui forment une tête très étendue. Leur écorce est brune et luisante.

Ils ont les jeunes bourgeons fauves ou cendrés, légèrement velus.

Les feuilles sont arrondies, un peu rétrécies et figurées en cœur à la base, terminées au sommet en une pointe étroite, échancrées latéralement en autant de sinus qu'il y a de nervures, bordées partout de petites dents et plus ou moins profondément sillonnées en dessus : leur pétiole est court et muni de poils glanduleux. Quand ces feuilles sont développées, les stipules qui les accompagnaient dans leur jeunesse sont ordinairement tombées.

Les chatons mâles qui, comme dans les autres espèces, sont déjà développés dès février et mars, bien long-temps avant les feuilles, sont menus, d'un jaune soufre, longs d'environ 8 centimètres (3 pouces.) Les boutons des fleurs femelles terminent ordinairement les petits rameaux : on les reconnaît à la petite houppe rouge qui sort de leur sommet.

Les Noisettes sont petites : on en trouve deux variétés dans nos bois: l'une est ovale et l'autre oblongue. L'involucre qui les entoure est profondément découpé, et ordinairement celle-ci se détache et tombe si elle n'est cueillie un peu avant sa parfaite maturité, qui arrive en août.

Le Noisetier des bois n'est pas cultivé en France comme arbre fruitier; on en fait des haies et il entre dans la composition des remises. Ses Noisettes sont l'apanage des bergers et des enfans : elles sont cependant bien bonnes dans leur fraîcheur, et ne le cèdent aux Avelines que parce qu'elles sont plus petites. Si les gens de la campagne avaient le courage de s'en occuper autrement que pour leur plaisir, ils les vendraient facilement dans les villes. En Angleterre, dit Forsith, un grand nombre de familles pauvres qui n'auraient rien à faire et qui seraient à charge au public, sont occupées pendant l'automne à ramasser les Noisettes dans les bois et les haies, et à les apporter aux marchés de Londres et des autres grandes villes.

Explication des figures.

1. Chaton mâle.
2. Bouton femelle.
3. Ecaille mâle très grossie, vue du côté intérieur et montrant ses huit anthères.
4. La même écaille dont on a ôté les anthères.
5. La même vue en dehors et ayant la division dorsale renversée.
6. Une anthère plus grossie.
7. La même ouverte.
8. Ovaire entouré de son involucre et surmonté de ses deux styles.
9. Jeune fruit grossi coupé verticalement, montrant les deux ovules élevés au sommet d'un long cordon.
10. Deux variétés de fruits de forme différente.
11. Coupe circulaire de la coque faisant voir l'amande.
12. Coupe verticale d'un fruit mûr, montrant un cotylédon tout entier au sommet duquel on distingue la gemmule et la radicule.
13. Coupe montrant l'involution des jeunes feuilles dans leur bouton.

Noisetier de futaie.

214.

Poiteau pinx.

De l'Imprimerie de Langlois.

Bouquet sculp.

NOISETIER DE FUTAIE.

Corylus ardua. Poit. et Turp.

J E crois devoir recommander cette espèce ou variété aux amateurs, comme un arbre utile, en ce qu'il s'élève à une assez grande hauteur, que son bois peut être utile dans l'économie domestique, et que son fruit est beaucoup plus gros que la Noisette des bois.

Je l'ai d'abord observé pour la première fois à Paris, dans le jardin de M. Hericard Ferrand, rue Sainte-Catherine, vers 1812. Ensuite, un habitant de la Normandie m'a dit qu'il était commun dans les bois de son pays, et que lui-même l'avait introduit dans ses jardins sous le nom de Noisetier de Futaie.

Ses feuilles sont d'une grandeur remarquable, et leur pétiole ainsi que les jeunes bourgeons sont sensiblement plus hispides que dans le Noisetier des bois.

Il a les fruits ovales, quelquefois un peu striés, comprimés, toujours un tiers plus gros que celui des bois.

L'involucre, constamment plus long que le fruit, est un peu velouté, hispide à la base, divisé au sommet en plusieurs découpures lancéolées, frangées ou découpées elles-mêmes latéralement.

Cette Noisette, aussi bonne et presque aussi grosse que l'Aveline, mérite d'être cultivée; en outre, son arbre croît rapidement et s'élève trois ou quatre fois plus haut que le Noisetier des bois, et l'on sait que le bois de Noisetier est bon à différens usages d'économie domestique.

Aveline de provence.
93
Bessin Pinx.
De l'Imprimerie de Langlois.
Bouquet Sc.
Z

NOISETTE AVELINE.

Corylus avellana. Poit. et Turp.

L'avelinier est à-peu-près de la même force et de la même fertilité que le Noisetier franc; mais il s'en distingue par un *facies* particulier, aussi aisé à saisir que difficile à décrire.

Les Avelines sont un objet de commerce assez considérable; elles nous viennent d'Italie et de nos départemens méridionaux; les unes sont comprimées, les autres striées; d'autres sont anguleuses, très grosses, viennent d'Espagne et en portent le nom. On trouve toutes ces variétés dans le mélange que les épiciers de Paris vendent sous le nom de *quatre mendians*, qui est un composé d'avelines, d'amandes, de figues, et de raisin sec.

L'Avelinier se cultive aussi dans le centre de la France; mais, soit que nous n'ayons pas les meilleures variétés, soit plutôt parce qu'elles dégénèrent chez nous, nous ne pouvons les obtenir aussi grosses que celles que le commerce nous envoie de pays plus chauds que Paris.

Les fleurs de l'Avelinier, ainsi que celles de tous les Noisetiers, se développent l'hiver; et comme leur structure est fort curieuse, je vais les décrire en détail en faveur des personnes qui, sans être botanistes, voudraient s'amuser à en analyser toutes les parties.

Si, pendant une belle gelée de janvier ou février, il vous arrive de parcourir le bois de Meudon ou de Saint-Cloud, vous ne manquerez pas de rencontrer des Noisetiers que vous reconnaîtrez à leurs épaulettes à graines d'épinards; ces épaulettes dorées sont les fleurs mâles du Noisetier. Prenez-en un fragment, et vous trouverez des écailles imbriquées, divisées en trois parties; sous chaque écaille vous verrez de huit à douze anthères ovales, presque sessiles, terminées par deux ou plusieurs petites soies.

Telle est la simplicité des fleurs mâles du noisetier.

Pour découvrir les fleurs femelles, il faut les chercher avec soin, et on finit par les trouver sur le même arbre non loin des fleurs mâles. On les reconnaît à un faisceau de petits fils pourpres sortant du sommet d'un petit bouton ovale. Si après avoir reconnu ce bouton vous en écartez les écailles, vous trouverez que les plus extérieures recouvrent de rudiment de feuilles, et que les plus intérieures recouvrent chacune deux ovales ovales, surmontés de deux styles filiformes, rouges et saillans au-dessus des boutons. Si ensuite on veut ouvrir l'un de ces ovaires, on trouve qu'il contient deux ovules ou rudiment d'amandes, mais que, par suite de la croissance, l'un des deux avorte constamment, et que quand la noisette a atteint son développement, il n'y a plus qu'une amande.

Les botanistes ont toujours regardé l'Aveline comme une variété du noisetier des bois; et Wildenow divise cette variété en trois sous-variétés, qui sont: la grosse, l'ovale, et la striée. Elles sont toutes dans les jardins aux environs de Paris, où on les place au nord. La terre ordinaire, pierreuse, leur convient parfaitement.

Noiselle franche.

Poiteau Pinx. De l'Imprimerie de Langlois Bouquet Sc.

NOISETTE FRANCHE.

Corylus sativa. Poit. et Turp, *Corylus tubulosa*. Willd

ETTE espèce est la plus cultivée dans les jardins. Il en existe de deux sortes: l'une dont la pellicule qui recouvre l'amande est blanche, et l'autre dont la même pellicule est rouge. C'est là un caractère saillant, mais il faut ouvrir la Noisette pour le reconnaître. Cependant la nature en a répandu des traces sur tout le Noisetier même, et un œil attentif, en examinant un Noisetier franc, reconnaîtra s'il produit des Noisettes à pellicule blanche ou à pellicule rouge. Diderot a dit : Montrez un orteil à la nature, elle vous dira si cet orteil appartient à un homme bien conformé ou à un bossu. Nos yeux ne sont pas ceux de la nature, mais avec des soins et de l'habitude, le naturaliste voit bien des différences qui échappent au vulgaire inattentif et superficiel. Ainsi, le naturaliste voit que le Noisetier dont les bourgeons ont l'écorce brune, produit des Noisettes à pellicule rouge, et que celui dont les bourgeons ont l'écorce cendrée, produit des Noisettes à pellicule blanche. Cette différence s'étend sans doute jusque dans les feuilles, mais nos sens ne peuvent la reconnaître que sur les bourgeons et sur les chatons mâles.

Le Noisetier franc est non-seulement plus vigoureux que celui des bois, mais encore plus que l'Avelinier d'Espagne, du moins aux environs de Paris. C'est un grand arbrisseau qui jouit de la propriété d'être fort et élastique, et qui, comme ses congénères, produit de sa souche des scions destinés à remplacer ses tiges usées. Il va sans dire que les feuilles sont plus grandes, plus étoffées que dans le Noisetier des bois.

Les fleurs mâles et les fleurs femelles naissent sur le même individu, comme dans toutes les espèces du genre. Les boutons qui contiennent les fleurs femelles sont gros, obtus, et de leur sommet sort une houppe de styles rouges.

Les fleurs mâles sont disposées en chatons longs de 54 à 81 millim. (2 à 3 pouces), bruns sur les individus à pellicule de l'amande rouge, et jaunâtres sur ceux à pellicule de l'amande blanche.

Les Noisettes franches, rouges et blanches, sont groupées et enveloppées chacune d'un involucre beaucoup plus long qu'elles, qui se resserre vers le sommet et les tient enfermées; elles sont allongées, et leur amande est supérieure en qualité à celles des avelines.

Le dessin ci-joint représente en A la Noisette franche à pellicule rouge, et en B celle à pellicule blanche.

Noisetier d'Amérique.

NOISETIER D'AMÉRIQUE.

Corylus americana. Poit. et Turp.

C ETTE espèce est un arbrisseau touffu qui ne s'élève guère, dans nos jardins, au-delà de 15 à 20 décimètres (5 à 6 pieds), et il ne s'élève guère davantage dans son pays natal, qui sont les monts Alleghanis, dans la latitude de New-York, à Philadelphie. Il se divise dès la base en plusieurs branches rameuses qui en forment un buisson arrondi; les bourgeons sont grêles, fauves dans leur jeunesse, rougeâtres pendant l'hiver, munis de poils fins, doux, simples, entremêlés de papilles ou poils plus gros, surmontés d'une goutte de liqueur non visqueuse.

Les feuilles sont en cœur arrondi, terminées en pointe raccourcie, légèrement anguleuses, d'un vert jaunâtre, profondément sillonnées en dessus, roussâtres et fortement réticulées en dessous, à l'aide de nombreuses nervures un peu velues. Aux environs de Paris, ces feuilles tombent un mois avant celles dès noisetiers d'Europe.

Les chatons mâles, assez souvent solitaires, quelquefois deux ou trois ensemble sur le même pédoncule, sont menus, grêles, jaunâtres ou purpurins. Ils ont les écailles légèrement velues et à trois divisions; la division la plus extérieure ne recouvre pas entièrement les deux intérieures, comme dans d'autres espèces, et elle se termine en pointe d'une longueur remarquable. Chacune de ces écailles porte intérieurement huit anthères uniloculaires, légèrement pédicellées, s'ouvrant latéralement du bas en haut, et se terminant au sommet par deux soies.

Le bouton femelle n'offre rien de particulier; il semble que chaque écaille recouvre trois ovaires; mais ces ovaires et les écailles sont si petits au temps de la floraison, qu'il est difficile de les bien analyser. On s'assure seulement que chaque ovaire est surmontée de deux styles filiformes.

Après la fécondation, l'involucre, en se développant, se resserre au-dessus du fruit et se prolonge en un large limbe, plissé et inégalement découpé; sa base est munie en dehors de poils rudes, glanduleux, bien plus nombreux sur les échantillons rapportés d'Amérique par Michaux, que sur mon dessin, fait aux pépinières royales de Versailles.

Le fruit est petit, ovale, comprimé, quelquefois triangulaire, dépourvu du velouté qu'on remarque sur les noisettes d'Europe, marqué de stries longitudinales plus ou moins apparentes, et couronné par une petite auréole calicinale, au centre de laquelle on trouve les débris des deux styles. Sa coque est très dure; elle contient une amande un peu trop sèche, mais elle a un petit goût fin que plusieurs personnes aiment beaucoup, et qu'on ne trouve pas dans nos avelines d'Europe.

Cette noisette se vend sur les marchés de toutes les villes des États-Unis d'Amérique; mais, en France, on n'en fait pas assez de cas pour la mettre au rang des autres noisettes; l'arbrisseau qui la produit n'est pas même très recherché, et si les pépinières royales de Trianon n'en mettaient pas dans les livraisons qu'elles fournissent aux amis du château, peut-être n'existerait-il plus en France.

EXPLICATION DES FIGURES.

1. Écaille d'un chaton mâle vue en dehors.
2. La même, vue en dedans et montrant les huit étamines.
3. Étamine isolée.
4. La même, ouverte latéralement.
5. Ovaire surmonté de ses deux styles.
6. Deux formes différentes de la noisette.

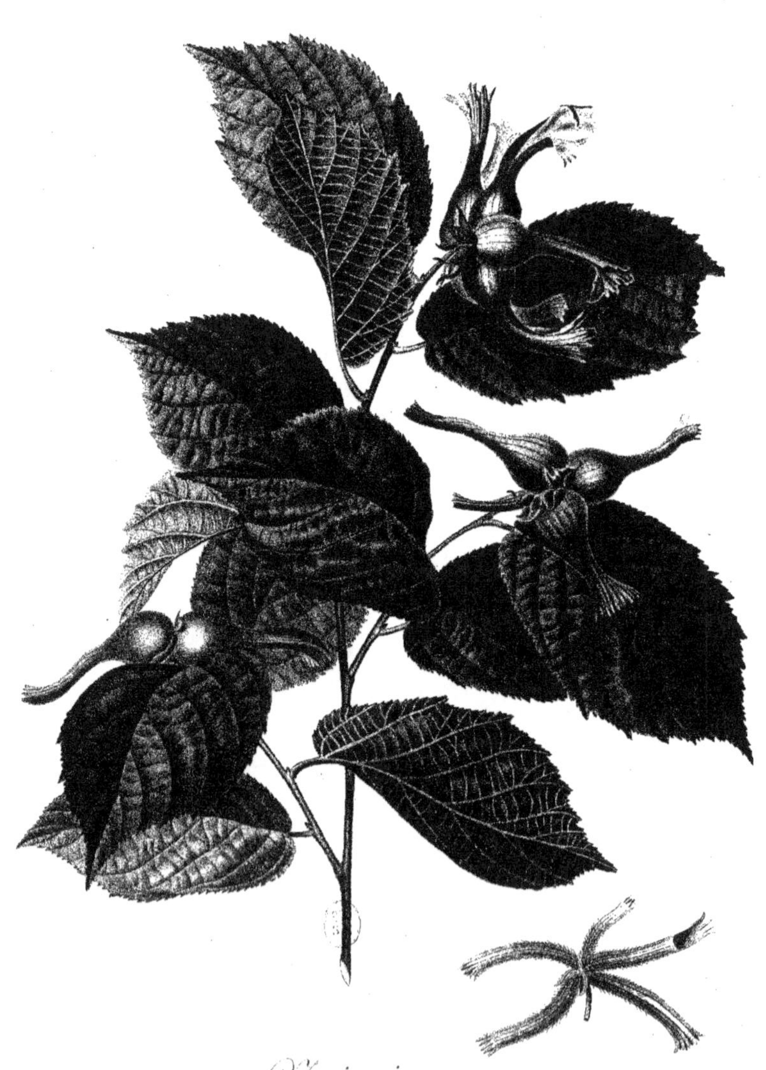

Noisetier cornu.

De l'Imprimerie de Langlois.

NOISETIER CORNU.

Corylus rostrata. Poit. et Turp.

 OICI la plus petite espèce de Noisetier connue jusqu'à ce jour. Elle croît en Amérique, aux monts Alléghanis et en Canada, et jamais M. Michaud ne l'a vue s'élever dans ce pays au-delà d'un mètre (3 pieds). Cette espèce est encore rare dans nos jardins, où l'on a de la peine à la conserver.

Ses feuilles sont petites, ovales, pointues, échancrées en cœur à la base, bordées de dents nombreuses et aiguës.

L'involucre du fruit offre un caractère tranchant et distinctif dans cette espèce; on voit au bas du dessin ci-joint la figure détachée d'un groupe de ces jeunes involucres, qui sont très longs, cylindriques, tubuleux, striés, velus à la base, et terminés par 8 ou 10 dents.

La Noisette est très petite, ovale, lisse, enfermée dans le fond de son involucre qui se prolonge beaucoup au-dessus d'elle.

L'amande de cette petite Noisette est sèche et peu savoureuse; cependant j'ai vu vendre ces Noisettes sur le marché de Philadelphie en 1801.

Noisetier du Levant.

Poiteau pinx!   De l'Imprimerie de Langlois.   Bouquet sculp!

NOISETIER DU LEVANT.

Corylus colurna. Poit. et Turp.

E Noisetier croît naturellement dans le Levant et devient un grand arbre. Voici comment il est parvenu à la connaissance des botanistes.

En 1582, un certain baron nommé Ungnard envoya de Constantinople au fameux Clusius, qui alors était à Francfort, une certaine quantité de noisettes encore enfermées dans leur involucre : il lui mandait en même temps que ces noisettes venaient sur un arbrisseau qui ne s'élevait pas au-dessus d'une coudée, et que le grand-seigneur et tous les grands de l'empire les aimaient extrêmement. Clusius, très peu habile en culture, sans doute, les sema dans leur involucre, et il n'en leva aucune.

Quatre ans après, il reçut un autre envoi de ces mêmes noisettes, et suivant les conseils qu'il avoue avoir reçus, il sema celles-ci toutes nues. Plusieurs levèrent et poussèrent dans la deuxième année un jet d'un pied de long. Quand Clusius quitta Francfort en 1593, l'un de ces jeunes arbres avait au moins six pieds d'élévation et n'avait pas encore fructifié, ni même deux ans après, ainsi que lui mandait son successeur.

Clusius fit un dessin des noisettes qui lui avaient été envoyées, et le publia comme une nouvelle espèce de noisetier sous le nom d'*Avellana pumila byzantina*, aimant mieux, je ne sais pourquoi, s'en rapporter aux renseignemens erronés du baron Ungnard qu'à ses propres yeux. Voici ce qui en est arrivé. Tournefort, Linné, Murray, Willdehow et tous les auteurs classiques de botanique ont adopté et répété la phrase menteuse de Clusius, *Avellana pumila*, et en conséquence dérouté tous les pauvres étudians qui voulaient savoir ce que c'est que le Noisetier du Levant. En effet, quand un élève se trouve au pied d'un noisetier qui a 40 ou 50 pieds de haut, comment reconnaîtrait-il dans cet arbre le Noisetier de Byzance, quand tous les maîtres de la science répètent que le Noisetier de Byzance est un *Avellana pumila*, un arbrisseau d'une coudée de haut, selon le baron Ungnard? Si les botanistes avaient cité seulement la figure de Clusius et se fussent abstenus de rapporter sa phrase menteuse, je n'aurais pas cherché le Noisetier de Byzance pendant vingt ans, tandis que je l'avais continuellement sous les yeux.

La tradition nous apprend que le premier individu de ce Noisetier qu'on ait vu en France, était à Versailles dans le jardin de Lemonier, médecin des rois Louis XV et Louis XVI. On en a remarqué ensuite dans plusieurs jardins célèbres que la révolution de 89 a fait disparaître. Aujourd'hui on en voit quelques-uns par-ci par-là, qui sont encore loin d'être aussi beaux, aussi hauts que ceux qui existaient dans les jardins du maréchal de Noailles, de Malherbes, de Jensein, etc.

S'il est vrai, ainsi que l'a écrit le baron Ungnard, que le grand-seigneur et ses courtisans aimaient beaucoup les noisettes de cet arbre, il faut qu'elles aient bien dégénéré en France, car elles ont l'amande dure, sèche, sans saveur, et ne valent pas à beaucoup près même les noisettes de nos bois. Aussi, c'est comme arbre d'ornement et non comme arbre fruitier qu'on le plante dans quelques jardins.

Les botanistes ne reconnaissent qu'un Noisetier du Levant, tandis que les horticulteurs en distinguent deux, sous les noms de *Corylus colurna* et *Byzantina*, qui offrent assez de différence dans la couleur de leur écorce, dans leur pubescence, dans la succulence et la forme de leur involucre, pour constituer deux espèces. Elles se multiplient l'une et l'autre de semence et par le marcottage.

Explication des figures.

1. Groupe de chatons mâles.
2. Faisceaux de fleurs femelles.
3. Écaille staminifère vue en dedans.
4. La même vue en dehors.
5. Anthère ouverte.
6. Noisette nue.
7. Forme la plus générale des boutons.

Noisetier de Bizance.

Poiteau pinx.t   De l'Imprimerie de Langlois.   Bouquet sculp.t

NOISETIER DE BYZANCE.

Corylus byzantina. Poit. et Turp.

O Ù les botanistes n'ont pas encore examiné ce Noisetier, ou ils l'ont jusqu'ici confondu avec le Noisetier du Levant *C. colurna*. Cependant il
offre assez de différence pour qu'on l'en distingue avec facilité; il devient
aussi un grand arbre, mais il n'a pas la forme pyramidale, l'écorce de
son tronc est beaucoup plus grise, ses feuilles sont plus épaisses, rudes
au toucher, sensiblement velues en dessous, et les découpures de l'involucre du fruit sont bien autrement compliquées.

Je n'ai encore connu que deux arbres de cette espèce en rapport; l'un existait dans la
pépinière du Roule, l'autre, beaucoup moins grand, existe encore au Jardin-du-Roi, près
du cabinet d'anatomie comparée. Ils sont sortis tous deux du jardin de M. Le Monier,
médecin des rois Louis XV et Louis XVI, qui les a communiqués sous le nom de *C.
byzantina*, parce que, sans doute, il en avait reçu les graines de Constantinople.

Le Noisetier de Byzance et celui du Levant sont originaires de la Grèce et de l'Asie-
Mineure; il croissent avec rapidité, s'élèvent à une grande hauteur, et sont, dit-on,
employés dans la construction des maisons et des vaisseaux à Constantinople. Ils viennent
aussi très bien sous le climat de Paris. On les multiplie par marcotte en en établissant quelques-uns en Mères. Celui de Byzance fructifie plus jeune que l'autre, probablement parce
qu'il a été plus multiplié de marcotte, car on sait que ce genre de multiplication tend à
rapetisser les arbres et à les faire fructifier plus tôt.

Les fleurs mâles du Noisetier de Byzance sont visibles dès le mois d'août de l'année
qui précède leur épanouissement : c'est cette grande précocité, par rapport à notre climat,
qui fait qu'elles sont souvent détruites par les gelées tardives du printemps.

Il est bien à desirer que ces deux beaux arbres soient plus multipliés sur le sol de la
France: la grande hauteur qu'ils acquièrent (le *C. colurna* surtout), les qualités de leur bois
pour la construction civile et navale, la facilité et la promptitude avec lesquelles ils croissent dans tous les terrains qui ne sont pas décidément arides, réclament en leur faveur,
ou plutôt sont des garans des services que la société peut en retirer.

Les fruits de l'un et de l'autre sont durs et secs sous notre climat, et ne peuvent concourir avec nos noisettes franches et les avelines d'Espagne, mais leurs arbres figurent avec avantage dans les jardins potagers, et sont très utiles pour la charpente.

On trouve au bas de la planche ci-jointe la forme d'un bouton et la grosseur du fruit du Noisetier de Byzance.

CHATAIGNIER.

Castanea.

ENRE de la famille des Cupulifères (*Rich*), composé d'arbres et d'arbrisseaux à feuilles simples, stipulées, à fleurs monoïques, disposées en chaton, les hermaphrodites à la base, les mâles dans la partie supérieure, et dont le caractère commun est d'avoir :

Fleur mâle. Un calice profondément divisé en cinq ou six découpures obtuses et soyeuses ; dix ou douze étamines (15 à 20 Lin.), à filets très longs, menus, aplatis en ruban, et dont l'extrémité supérieure est rabattue dans le fond du calice avant l'anthèse ; ils se déploient ensuite, deviennent droits, divergens, et l'anthère qu'ils portent est vacillante, ovale, bilobée et biloculaire.

Fleur hermaphrodite. Le calice commun est une cupule arrondie d'une seule pièce, mais divisible en plusieurs valves, ouvertes et découpées au sommet, couvertes en dehors de petites lames irrégulièrement imbriquées, à sommet renversé. Ces petites lames se dessèchent bientôt, et sont remplacées par une grande quantité de pointes rouges disposées sur quatre rangs, et qui étaient déjà apparentes entre les lames.

Chaque cupule, ou calice commun, contient de trois à huit ovaires figurés en bouteille, insérés au fond de la cupule, soyeux en dehors et en dedans, évasés chacun au sommet, en un petit calice à cinq ou six divisions ovales, oblongues, obtuses et soyeuses. A l'orifice de chaque petit calice on trouve dix ou douze étamines très petites, stériles et de différente grandeur. Le centre est occupé par cinq ou six styles subulés, raides, un peu divergens, persistans, beaucoup plus longs que le calice et soyeux à la base.

Si on ouvre un jeune ovaire, on voit qu'il est divisé intérieurement en six ou huit loges soyeuses et dispermes, que les cloisons paraissent unies au centre par un axe commun au sommet duquel sont attachés latéralement dix à seize ovules, arrondis par en bas, terminés en queue par en haut : l'ensemble de ces queues forme une pointe libre au-dessus de l'axe septifère.

Lorsque le fruit est mûr, la cupule, qui est devenu très épineuse, s'ouvre en trois, quatre ou cinq valves, sur la base desquelles étaient attachés de trois à huit ovaires, mais dont une grande partie avorte constamment (1) : ceux qui persistent se changent en péricarpes bivalves, coriaces, bruns, luisans, ventrus, convexes d'un côté, ordinairement aplatis de l'autre, marqués d'une grande cicatrice à la base, et terminés en pointe au sommet. Ces péricarpes s'appellent *châtaignes* lorsqu'ils sont petits, et *marrons* lorsqu'ils sont gros : les cloisons qui les divisaient en plusieurs loges se détruisent dans la maturité ; ils renferment alors chacun une, deux et trois amandes parfaites, entourées chacune d'une membrane rousse, sèche et filamenteuse, incrustée de stries ou rides sur toute la surface ; ces amandes ont les cotylédons très grands, épais, charnus, souvent soudés ensemble, et la radicule petite, ovoïde, placée au sommet.

Obs. Je suis entré dans de grands détails en décrivant les organes de la fructification du Châtaignier, parce que ces organes sont en effet très compliqués, et qu'il aurait été difficile d'en donner une idée exacte en moins de mots. Je regrette que les éditeurs de cet ouvrage n'aient pas jugé à propos de publier la planche où sont figurés tous ces détails ; le lecteur aurait pu suivre tout ce que j'en dis avec facilité. A défaut de figure, la description aidera, ceux qui ne sont pas botanistes, à retrouver tous ces caractères dans la nature, et peut-être auront-ils du plaisir à suivre les détails nombreux et compliqués que la nature

---

(1) Dans une châtaigne mûre, on retrouve aisément tous les ovules qui ont avorté ; ils sont appliqués contre la pointe de l'amande qui s'est développée.

emploie pour produire une simple Châtaigne. Sans doute, le principal but de cet ouvrage est de montrer les bons fruits, mais un peu de science ne gâte rien ; et quand l'organisation végétale s'éloigne de sa marche ordinaire, qu'elle entre tantôt dans des complications dont nous ne comprendrons jamais la nécessité, tandis qu'ailleurs elle est d'une simplicité telle que s'il y avait un organe de moins, son œuvre serait manquée, on ne peut guère s'empêcher d'admirer la puissance infinie de la nature; et si elle a placé en nous un germe de curiosité, le désir d'expliquer les choses, l'usage des organes, alors l'inspection des fleurs du châtaignier suffit pour allumer en nous le feu de la science et nous faire devenir naturalistes.

HISTOIRE, USAGE ET CULTURE.

Linné avait réuni, dans le même genre, le Châtaignier et le hêtre. Depuis Linné, les botanistes leur ayant trouvé des caractères suffisamment distincts, en ont formé deux genres. Le Châtaignier tire son nom de *Castane*, ville de la Pouille : il croît naturellement en France et dans une grande partie de l'Europe; on en voit de vastes forêts en Scanie, en Smoland, et il y parvient à une grande hauteur; mais on ne le rencontre pas sous des climats plus au nord. Il croît aussi en Orient: Olivier en a trouvé une forêt le long de la mer Noire.

Le Châtaignier est sans contredit l'un des plus beaux arbres forestiers propre à notre climat. Il croît extrêmement vite, et son bois ne le cède qu'à celui du chêne. Autrefois de grandes forêts de cet arbre attiraient sur la France ces nuages salutaires, ces vapeurs bienfaisantes qui adoucissent la température et fertilisent la terre. Aujourd'hui nous ne jouissons plus de leur influence bénigne; les Châtaigniers sont resserrés dans quelques coins reculés du royaume, et ceux que nous voyons encore çà et là dans nos plaines ont pour nous un aspect étranger. Cependant aucun arbre ne serait plus propre que le Châtaignier pour dissiper les craintes, justement fondées, que font naître les dégradations et la diminution de nos forêts. Sa croissance rapide promet une prompte jouissance à celui qui le plante. Son beau et large feuillage, après avoir purifié et rafraîchi l'air pendant l'été, engraisse et fertilise la terre pendant l'hiver : son bois fait d'excellentes charpentes : ses fruits nourrissent les pauvres de plusieurs départemens; on les mange rôtis ou bouillis dans un peu d'eau salée; on en fait des compotes sèches appelées *marrons glacés* et recherchés sur les tables les plus somptueuses, etc.

Le mérite du Châtaignier et les avantages que nous pouvons en retirer, ont été sentis et décrits par tous les agronomes; il existe une infinité de mémoires et d'articles plus intéressans les uns que les autres sur cet arbre et sur son fruit. On les trouve résumés la plupart dans le *Traité des arbres* de Duhamel, de Desfontaines, et dans les cours d'agriculture publiés dans ces derniers temps.

Le Châtaignier étant d'ancienne origine sur divers points de la France, il a produit diverses variétés en raison des lieux plus ou moins favorables à sa nature; en Dauphiné, par exemple, il donne des fruits plus gros que partout ailleurs. Viennent ensuite les Vosges, le Jura, l'Auvergne, la Bourgogne, le Périgord. En Dauphiné son fruit porte le nom de *marron*, ce sont les plus gros que l'on connaisse; dans les autres pays susnommés, ils diminuent peu-à-peu de volume; à Paris ils sont très petits et désignés sous le nom de *châtaigne*, et on en fait peu de cas; et on se donne rarement la peine de les ramasser.

Entre le marron et la châtaigne, on distingue une douzaine de grosseurs, et autant de qualités, et on leur donne des noms différens, tels que *royale, porlatone, corive*, etc.

Quoique le Châtaignier ne soit pas délicat sur la nature du terrain, il préfère cependant les terrains sableux et sec. Dans les pépinières des environs de Paris, on le greffe toujours, parce qu'il ne reproduit pas ordinairement son espèce sous notre climat; et même quand on fait venir des greffes de marrons du Dauphiné, on n'en obtient jamais ici de marrons aussi gros que ceux que le commerce nous envoie de Lyon. Chaque climat, chaque température, a ses fruits particuliers qui viennent mal ou pas du tout sous d'autres climats, et ceux qui croient à la naturalisation des végétaux, croient à une véritable chimère.

Chataignier (en fleur.)
De l'Imprimerie de Langlois.

CHATAIGNIER EN FLEUR.

PRÈS avoir donné le Châtaignier en fruit et son histoire, nous avons cru nécessaire de le donner aussi en fleurs, pour faire voir la construction et la disposition de ses fleurs mâles et femelles.

Les unes et les autres sont disposées en longs épis axillaires; les fleurs mâles sont très nombreuses et occupent presque toute la longueur de l'épi, tandis que les fleurs femelles, toujours en petit nombre, en occupent la base.

EXPLICATION DES DÉTAILS.

Fleurs mâles.

1 et 2. Fleur ayant l'une 10, l'autre 12 étamines.

3. La dernière ouverte.

Fleur femelle.

4. Portion d'un chaton montrant en *a* des fleurs mâles non développées, et en *b* des fleurs femelles qui paraissent plus avancées que les mâles.

5. Involucre d'un paquet de fleurs femelles.

6. Trois jeunes ovaires grossis.

7. Coupe verticale d'un autre ovaire plus grossi.

8. Calice entier et ouvert d'une fleur femelle, montrant ses douze étamines stériles et leur grandeur relative.

9. Coupe circulaire d'un ovaire à six loges, très grossi.

10. Autre ovaire à sept loges.

11. Coupe circulaire d'un autre ovaire surmonté de son calice et de ses styles; on voit les cloisons dans son intérieur, et en *c* les ovules.

12. Appareil des cloisons autour de l'axe, surmonté des ovules.

13. Trois valves de la figure précédente, dénuées de soies; on aperçoit au sommet *d*, dans l'un des angles, un petit ovule avorté, et le point d'attache d'un autre fécondé, grossi, qu'on a un peu éloigné.

Chataignier (en fruit.)

De l'Imprimerie de Langlois.

Boquet sculp.

249.

CHATAIGNIER ORDINAIRE.

UX environs de Paris, le Châtaignier ordinaire se trouve le plus abondamment dans les bois de Montmorency et de Meudon; il n'en forme cependant que la plus petite partie, mais il les orne infiniment par son port, par sa belle végétation, par l'élégance et le ton de ses feuilles, et par les fleurs nombreuses disposées en longs épis jaunâtres, qu'il développe vers le 15 juillet : il est bien dommage que ces fleurs répandent une odeur qui n'est point du tout agréable. Elles naissent avec la pousse actuelle, et se trouvent axillaires, rarement terminales.

Les fruits mûrissent, sous le climat de Paris, en octobre et novembre. Tout le monde connaît leur enveloppe épineuse. Quand l'automne est beau, elle s'ouvre sur l'arbre et laisse tomber les deux ou trois châtaignes qu'elle contient; mais dans les automnes froids, elle ne s'ouvre pas toujours, et elle tombe souvent elle-même avant que les châtaignes en soient sorties. Au reste comme ces châtaignes ne sont que l'apanage des bêtes fauves et des enfans, les uns et les autres savent fort bien ouvrir ces enveloppes, quoique armées d'épines, pour en tirer ce qu'elles contiennent.

Puisqu'aux environs de Paris, le Châtaignier ne fleurit qu'au 12 ou 15 juillet, et que son fruit n'y mûrit qu'à la mi-octobre et souvent plus tard, il doit sembler difficile de croire, qu'en Scanie, pays situé à 8 degrés plus au nord que Paris, les châtaignes y mûrissent parfaitement chaque année, ainsi que plusieurs voyageurs l'assurent. Il est vrai que dans le nord, si les étés sont plus courts, ils sont plus chauds que chez nous, et que les moissons y mûrissent en moins de temps que dans le nord de la France.

Depuis long-temps on greffe les grosses variétés de châtaignes, dites *marrons de Lyon*, sur le Châtaignier commun ou à petit fruit. On en obtient par ce moyen de plus grosses châtaignes, mais point de marrons de Lyon. L'entrepôt de ces grosses châtaignes est à Limours, ville située à 7 lieues ouest de Paris, comme Lyon l'est pour les marrons. Vers le mois d'avril, la substance des marrons et des châtaignes subit une sorte de fermentation qui la rend plus sucrée, et bientôt après elle cesse d'être agréable à manger.

Tous les auteurs conviennent, et c'est un fait constaté, que le Châtaignier croît plus vite que le Chêne, qu'il a beaucoup de rapport avec lui par la qualité de son bois, son grain et sa couleur, mais il faut ajouter que cette ressemblance ne se soutient pas long-temps : après cinquante ou soixante ans de végétation, le bois du Châtaignier se trouve bien inférieur à celui du Chêne de même âge, parce que ses couches ligneuses ne sont pas aussi bien soudées entre elles, et qu'elles s'exfolient aisément. Cette observation a porté le savant à examiner la charpente d'un très ancien bâtiment de Paris, qu'on croyait faite de bois de Châtaignier, et on a reconnu qu'on s'était trompé; cette charpente était en chêne blanc, *quercus pedunculata*. C'est à cause de cette exfoliation qu'il y a peu de gros et vieux Châtaigniers dont le cœur soit sain, et qu'il est impossible d'en tirer de grosses poutres.

Il est probable que depuis long-temps on ne verrait plus de Châtaigniers en France, si cet arbre exigeait une bonne terre : heureusement que les sables stériles, les déclivités incultivables sont les endroits où il prospère le mieux. Cultivé en taillis et coupé tous les vingt ans pour faire des charpentes légères, ou tous les dix ans pour faire des cercles de cuves, des échalas refendus, etc., le Châtaignier est d'un très bon produit. Il est à désirer d'en voir couvrir les revers sablonneux et décharnés de beaucoup de montagnes qui affligent l'œil du voyageur.

EXPLICATION DES FIGURES DE LA PLANCHE CI-JOINTE.

14. Châtaigne de grandeur naturelle.

15. Amande de la même, conservant en *e* six embryons avortés.

16. Coupe transversale de la même, montrant l'épaisseur des deux cotylédons.

17. Coupe verticale de la même, montrant en *f* la forme et la position de la radicule.

PIN.

Pinus.

ENRE de la famille des Conifères, composé de plusieurs grands arbres résineux, toujours verts, à feuilles simples, subulées, engaînées à la base, à fleurs monoïques, disposées en chaton, et dont le caractère commun est d'avoir :

Fleur mâle. Chaton oblong, composé d'écailles imbriquées en spirale, arrondies au sommet, rétrécies à la base, arquées vers le milieu, portant de chaque côté, presque en dessus, une anthère adnée, allongée dans le sens de l'écaille, s'ouvrant longitudinalement, et remplie d'un pollen jaunâtre.

Fleur femelle. Chaton plus court et plus arrondi que le mâle. Il ne montre d'abord que de petites écailles aiguës, colorées, imbriquées, qui grandissent peu et se dessèchent promptement; mais il sort bientôt de leurs aisselles d'autres écailles plus grandes, plus succulentes, taillées en tête de diamant au sommet. Ce sont ces nouvelles écailles qui forment le cône proprement dit : elles restent un peu béantes ou écartées les unes des autres, jusqu'à ce que l'acte de la fécondation soit opéré; pendant ce temps, on voit aisément, que chacune d'elles porte à la base intérieure, deux ovaires presque latéralement, à-peu-près comme le sont les anthères du chaton mâle; que chacun de ces ovaires, couché sur l'écaille et y adhérant par tout un côté, se prolonge et fait une saillie en descendant vers l'axe du chaton, et que l'extrémité de cette saillie est terminée par deux petits stigmates subulés, aigus, velus et très rouges. Après la fécondation, les écailles se rapprochent, et les ovaires toujours monospermes, grossissent ainsi clandestinement.

Le fruit est un cône ovale ou allongé; lorsqu'il est mûr, ses écailles s'écartent de nouveau, et l'on trouve à la base de chacune d'elle, deux noix ovales ou oblongues, osseuses ou crustacées, libres alors, munies au bout supérieur d'une aile membraneuse plus ou moins soluble. Ces noix s'ouvrent en deux valves dans la germination; elles contiennent sous une membrane interne, un grand périsperme blanc, charnu, dans l'axe duquel est un embryon presque cylindrique, allongé du côté où étaient les stigmates en radicule subulée, obtuse, et divisé par l'autre bout en huit ou dix cotylédons aigus, comprimés et aussi longs que la radicule.

HISTOIRE.

La famille des Conifères est une des plus naturelles et des plus faciles à reconnaître. Les végétaux qui la composent sont des arbres et de très grands arbrisseaux résineux, toujours verts (excepté le mélèze et le cyprès chauve), répandus dans toutes les parties du monde, mais plus abondamment vers les régions boréales et sur les plus hautes montagnes.

Les arbres toujours verts sont le plus durable et le bel ornement de notre globe. Nous les employons à des usages de la plus haute importance, et aussi nombreux que variés. L'architecture navale et l'architecture civile en connaissent tout le prix. Ils nous fournissent des résines, de la térébenthine, du goudron et d'excellent charbon, très avantageux pour l'exploitation des mines. Ils fixent le sable mouvant des landes, des dunes des bords de la mer, le transforment peu-à-peu en une terre végétale et fertile, et étendent ainsi le domaine de l'agriculture.

Si la nature de cet ouvrage le comportait, je retracerais aux yeux du lecteur, l'histoire complète de cette intéressante famille; je leur ferais part des observations que j'ai été à même de faire dans les landes de Bordeaux, aux États-Unis d'Amérique sur la côte de la baie de Chesapeak, et ailleurs; mais je dois me renfermer dans mon sujet, et m'en tenir à signaler les deux seules espèces de Pins jusqu'à présent connues, dont les graines sont comestibles : ce sont le Pin pignon et le Pin cembro.

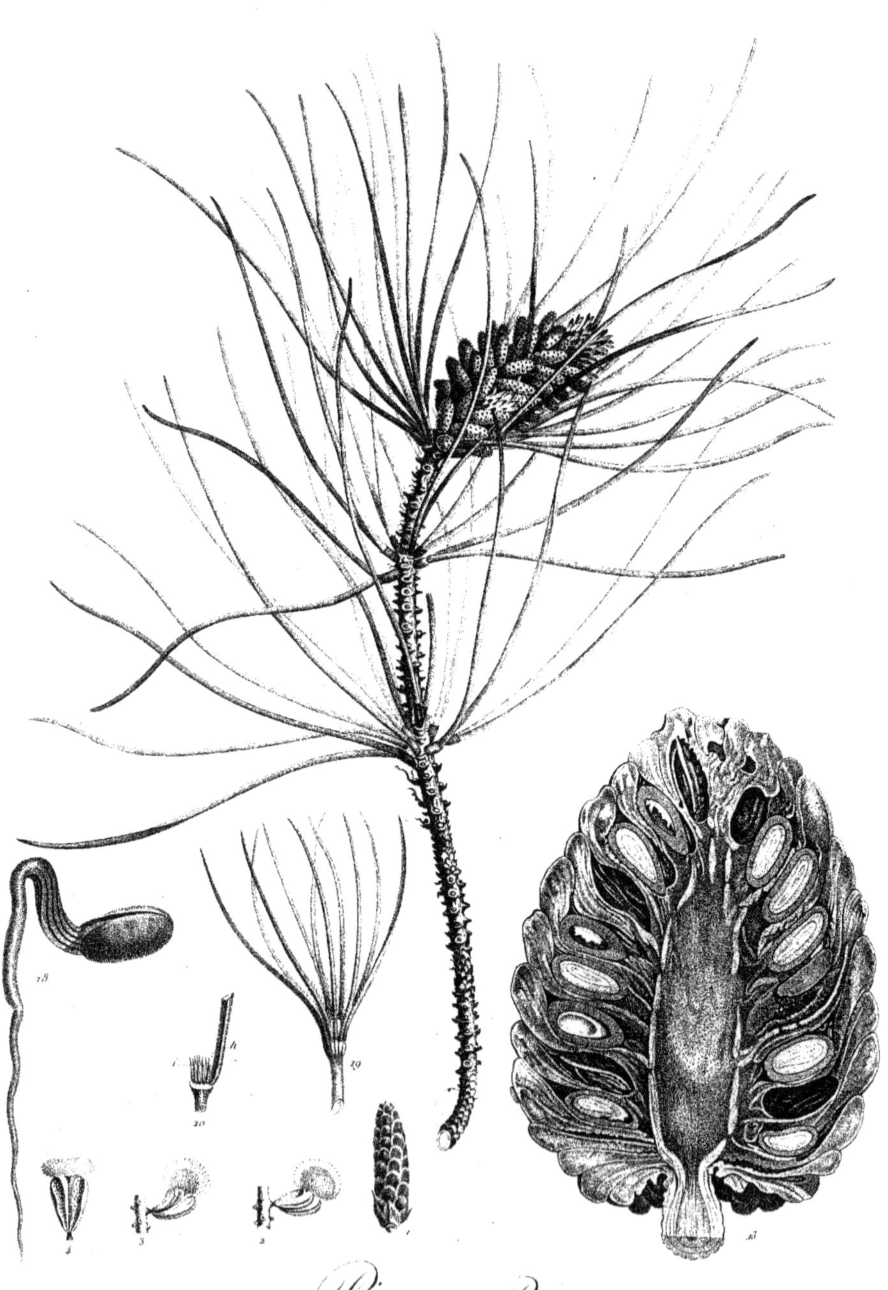

Pin Pignon.

de l'Imprimerie de Langlois

Bouquet sculp.

PIN PIGNON.

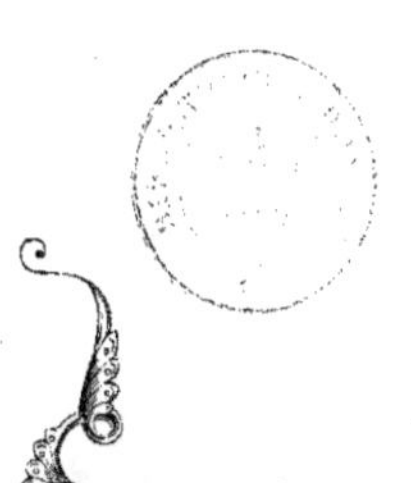

Pinus pinea. Lin

ANS la 169e livraison, j'ai donné l'histoire, la description et la figure du fruit de ce Pin, dont les amandes sont comestibles et se mangent sous différens noms; mais pour compléter cette histoire, il a paru nécessaire de donner la figure de ses fleurs mâles et une coupe de son fruit, et d'autres détails qu'il n'avait pas été possible de placer sur la planche précédente.

La grande figure représente au sommet un groupe de chatons mâles à l'époque où ils répandent leur pollen, et qui est si abondant qu'on l'a quelquefois pris pour une pluie de soufre.

1. Un seul de ces chatons grossi.

2. Ecaille anthérifère attachée à l'axe; on voit qu'elle porte latéralement deux anthères oblongues, et que son sommet s'élargit en un disque denticulé.

3. La même vue en dessous.

4. Ecaille détachée de l'axe, montrant l'une de ses anthères ouverte longitudinalement.

13. Coupe verticale du cône montrant la position des graines entre les écailles du cône devenues ligneuses.

18. Graine en germination.

19. Cotylédons après que la coque qui les recouvrait dans la germination est tombée.

20. Ici on a supprimé les cotylédons, excepté un *h* coupé à moitié afin de faire voir les bractées *i*, qui grandiront et tiendront lieu de feuilles pendant les premières années de la jeune plante.

Pin Pignon.
De l'Imprimerie de Langlois.
Bouquet Sculp.

PIN PIGNON.

Pinus pinea. Poit. et Turp.

CET arbre, désigné aussi par les noms de Pin cultivé, Pin pinier, Pin de pierre, à cause de la dureté de sa graine, croît naturellement dans les montagnes des départemens méridionaux de la France; on le trouve aussi, mais en moindre quantité, dans les landes de Bordeaux. C'est une espèce très aisé à distinguer par son port, en ce que sa tête au lieu de se terminer en pointe, présente une large surface plane, horizontale, que les peintres de paysages préfèrent souvent représenter dans leurs tableaux comme plus pittoresque. Sa croissance est plus lente que celle du Pin maritime, auquel il ressemble dans sa jeunesse, mais il n'atteint jamais la même hauteur. Son tronc devient fort gros dans la partie inférieure, mais son diamètre diminue sensiblement, dès l'endroit où il émet ses premières branches, et il continue à diminuer aussi rapidement jusqu'au sommet. Il est couvert d'une écorce rougeâtre, dans les endroits les plus unis, remarquable par de grandes crevasses longitudinales, souvent dirigées obliquement du couchant au levant, et décrivant même quelquefois des spires dans cette direction. Si, comme il est probable, la fibre du bois suit la même direction que celle de l'écorce, le tronc de cet arbre est vraiment tors. La tête, très aplatie en dessus, est formée de rameaux ouverts à angle droit, d'autant plus gros et plus longs qu'ils sont plus éloignés du sommet.

Les feuilles sont deux à deux, longues de 12 à 15 centimètres (4 à 5 pouces), semi-cylindriques, striées longitudinalement et marquées dans chaque strie, d'une infinité de points ou pores résineux : les deux bords tranchans de ces feuilles sont finement dentés en scie, et la gaîne qui les unit à la base, est composée de petites écailles tronquées, sèches et scarieuses. Mais ces feuilles géminées ne sont pas les premières à paraître. Tous les Pins commencent par produire des feuilles simples, solitaires, non engaînées à la base, ordinairement ciliées et glauques. On appelle ces feuilles *primordiales;* elles paraissent remplir les fonctions de bractée; on n'en voit pas d'autres sur les jeunes Pins, pendant leurs deux ou trois premières années; ensuite les feuilles géminées, ternées et quinées, selon les espèces, se développent. Les feuilles dites primordiales doivent être d'autant plus considérées comme des bractées, qu'on les retrouve plus ou moins altérées à la base des feuilles engaînées.

Les fleurs naissent à l'extrémité des rameaux, et se développent dans le courant de juin. Les chatons mâles sont petits, d'un jaune rougeâtre, réunis en grand nombre, et formant des bouquets terminaux : les écailles qui les composent ont le sommet élargi, pubescent et denté à la circonférence. La poussière des anthères est si considérable, dans toutes les espèces de pins, qu'elle forme quelquefois comme des nuées de soufre, que le vent porte au loin ; telles sont les pluies de soufre, qui tombent de temps en temps, sur la ville de Bordeaux.

Les chatons femelles, toujours peu nombreux relativement à la quantité des mâles, naissent quelquefois au centre des chatons mâles, mais le plus souvent sur d'autres extrémités plus vigoureuses et plus grosses, parce que les cônes de l'année précédente y attirent la sève. Ces chatons femelles sont, ou solitaires, ou réunis deux ou trois ensemble, en pied de réchaud ; leur forme est ovale ou oblongue, et leur pédoncule est entouré de bractées lancélées et ciliées sur les bords. Après l'acte de la fécondation, ils se penchent ou se jettent de côté, et passent successivement, par tous les degrés de forme et grosseur que représente le dessin ci-joint, jusqu'à la quatrième année, dans laquelle ils mûrissent : ce sont alors des cônes réguliers, obtus, longs de 15 à 18 centimètres (5 à 6 pouces), bruns et luisans. En les décomposant, on trouve à la base intérieure de chaque écaille, deux noix oblongues, obtuses osseuses, dont la partie pulpeuse extérieure, s'est changée en une poussière noire, et dont l'aile membraneuse est ordinairement détachée à l'époque de la maturité, qui arrive dans le courant de l'automne.

Ces noix appelées vulgairement *Pignons,* sont extrêmement dures ; elles contiennent une amande blanche, moitié charnue et moitié friable, d'une saveur douce, agréable, et que l'on mange comme des amandes et des noisettes. Il existe cependant une variété de Pinier dont les noix sont tendres.

On confit les amandes de Pignons en dragées, en pralines, en pistaches. Elles sont nutritives, saines, et rendent une huile aussi douce que celle de la noisette ; mais, ainsi que toutes les graines oléagineuses, l'amande des Pignons se rancit au bout d'un certain temps, et c'est ce qui fait négliger l'huile de Pignon dans les usages pharmaceutiques.

Les cônes de Pin pignon n'affectent pas de direction déterminée sur l'arbre, comme ceux de plusieurs autres espèces de Pin. Les Pignons, mis en terre à la fin de mai ou dans le commencement de juin, lèvent au bout de huit jours, si pendant ce temps ils sont toujours environnés d'une humidité convenable : leur coque, si dure, s'ouvre alors en deux valves avec la plus grande facilité.

Non-seulement les Pignons ne mûrissent que dans leur quatrième année, mais leur embryon n'est même pas encore visible en juillet de leur troisième année. Il serait curieux de chercher et de faire connaître l'époque juste, où cet embryon se manifeste à l'œil. Un aussi long sommeil, après l'acte de la végétation, est une chose assez étonnante.

EXPLICATION DE LA PLANCHE CI-JOINTE.

Ce dessin fructifère a été fait en juillet. On y distingue très bien les quatre âges des cônes qu'il représente. S'il eût été fait en automne, le petit cône terminal aurait été incliné, et le gros cône mûr aurait été ouvert ou tombé.

5. Coupe verticale d'un jeune cône femelle grossi, faisant voir la disposition des écailles florifères, et la direction des stigmates, vers l'axe du cône.

6. Écaille florifère vue en dessus, montrant en *b* les deux ovaires qu'elle porte, et les stigmates aigus qui les terminent inférieurement.

7. La même vue en dessous.

8. Autre écaille attachée à l'axe du cône, dans sa position naturelle, et ayant au dessous *c* la petite écaille dorsale, qui est une de celles visibles dans la jeunesse du cône et qui ne sont que des bractées.

9. Coupe verticale d'une écaille et de l'un de ses ovaires *d* dans lequel on ne distingue pas encore l'embryon.

10. Coupe horizontale d'une écaille de même âge.

11. Écaille de trois ans portant ses deux ovaires *e*.

12. Coupe verticale de la même ; la partie osseuse *f* de son ovaire est formée, mais on ne distingue pas encore l'embryon dans la matière qui le contient.

14. Une écaille mûre, isolée portant ses deux graines mûres *g* surmontées de leur aile membraneuse.

15. Graine ou Pignon dont on a ôté une valve pour faire voir la membrane qui enveloppe l'amande.

16. Coupe circulaire d'un autre Pignon.

17. Coupe verticale du périsperme au milieu duquel on voit l'embryon.

GENRE FIGUIER.

UI ne connaît le Figuier, ses nombreuses histoires, sa célébrité et la douceur de son fruit ? Depuis la chaste Susanne jusques à Caton le sénateur, cet ennemi obstiné de Carthage, depuis Caton jusqu'à Merlet, Tournefort, Garidelle, Duhamel, Olivier, Bosc, que de pages ont été écrites sur le Figuier, sans compter ce qu'en ont dit les botanistes! J'arrive donc trop tard sur ce champ déjà moissonné tant de fois, et dois me trouver heureux si je puis y glaner encore quelques épis à joindre aux riches moissons de mes prédécesseurs.

D'abord, je fais remarquer que le genre Figuier est très nombreux en espèces; que la nature en fait croître toute seule dans les quatre ou cinq parties du monde, et que par une singularité que les savans ne nous expliquent pas, il est arrivé que, parmi les deux ou trois cents espèces (je ne compte pas les variétés) de Figuiers répandues sur la terre, une seule produit des fruits bons à manger, et que cette espèce privilégiée croît dans la partie de l'Asie et de l'Europe australe que l'on regarde comme la patrie des bons fruits. Ensuite, j'ajouterai que cette espèce privilégiée appelée vulgairement Figuier commun, et que les botanistes désignent sous le nom de *Ficus carica*, a produit, soit naturellement, soit par l'industrie humaine, une grande quantité de variétés dont la culture s'est emparée et qu'elle a dispersée chez tous les peuples civilisés; enfin, que quand on parle aujourd'hui de Figuier dans les salons et sur les marchés, en Europe, c'est toujours du Figuier commun dont il est question; il n'y a que les botanistes qui en connaissent d'autres.

On croyait autrefois, et bien des gens croient encore, que le Figuier produit ses fruits sans qu'ils soient précédés de fleurs; c'est une erreur: le Figuier produit au contraire deux ou trois cents fleurs pour un seul fruit; mais ces fleurs sont très petites et enfermées dans un involucre qui les dérobe aux yeux du vulgaire. Le botaniste seul pouvait les découvrir.

Quant aux caractères qui réunissent les nombreux figuiers en un seul genre, ils sont très aisés à saisir: d'abord tous les Figuiers sont des arbres ou des arbrisseaux lactescens, à feuilles alternes, simples, entières ou lobées, stipulées, et dont les stipules forment dans leur jeunesse un capuchon aigu qui couvre le bouton terminal de chaque rameau; les fleurs, très fréquemment axillaires, rarement terminales et toujours très petites, sont ordinairement les unes mâles et les autres femelles, enfermées dans un involucre en forme de bourse, dont l'ouverture, toujours terminale, est fermée par un nombre plus ou moins grand de dents écailleuses, conniventes; l'intérieur de cette bourse est tapissé de fleurs pédonculées; les mâles, en petit nombre, occupent l'entrée de la bourse; les femelles, en très grand nombre, sont placées au-dessous et occupent presque toute la capacité de cette sorte de prison. Voilà pour les yeux nus, mais si on les arme d'une loupe, on voit 1° que les fleurs mâles sont composées d'un calice à trois ou cinq dents, de trois étamines dont les filets sont sétacés et les anthères didymes; 2° que les fleurs femelles ont un calice plus grand à cinq dents, un ovaire ovale, comprimé, de l'un des côtés duquel s'élève un style subulé qui se termine au sommet en deux ou trois stigmates aigus divergens; 3° que l'ovaire devient une graine (péricarpe selon les botanistes) arrondie comprimée, renfermant sous une enveloppe cartacée un embryon dicotylédoné, arqué, entouré d'un périsperme blanc et charnu; 4° et enfin on voit, sans se servir de loupe, que l'involucre ou bourse qui contient toutes ces fleurs et toutes ces graines, grandit, grossit, s'arrondit ou devient pyriforme, charnu, que son suc laiteux, âcre et caustique disparaît ou se change en une eau sucrée, très agréable, et que de tout cela résulte le fruit que nous appelons *Figue*.

Dans l'exposition de ces caractères, j'ai fait grâce au lecteur de certains petits détails dont les botanistes font grand cas et sur lesquels ils sont peu d'accord; mais je ne puis m'empêcher de parler un peu de la *Caprification*, autre question sur laquelle ils ne s'entendent pas mieux.

La caprification est une opération qui tire son nom d'un Figuier sauvage que les Latins appelaient *Caprificus*, dont les fruits ne sont pas bons à manger, mais qui, en juin et juillet, renferment des moucherons qui s'en échappent, s'envolent, vont piquer les Figues du Figuier commun ou cultivé, et, par leurs piqûres, les font, dit-on, tenir, grossir et mûrir.

Telle est la substance de ce que dit Tournefort sur la caprification dont il a observé la pratique dans l'île Zia, pendant son voyage au Levant en 1700. Cette pratique était fort ancienne, puisque Théophraste et Pline l'ont décrite, mais était-elle fondée sur de bonnes raisons ? était-elle nécessaire ? Tournefort n'en dit rien; seulement je remarque qu'après avoir décrit tout ce que font les habitans de Zia pour opérer la caprification, il ajoute : « Voilà bien de la peine et du temps pour n'avoir que de mauvaises Figues ». Tel était l'état de la question au temps de Tournefort. Voyons où elle est arrivée de nos jours.

Au temps de Tournefort les organes sexuels et la fécondation étaient méconnus dans les plantes; c'était aux piqûres des moucherons que ce botaniste célèbre attribuait le grossissement et la maturité des Figues cultivées dans l'Archipel grec. Après Tournefort vint Linné qui remit en honneur et fit admettre les sexes et la fécondation dans les végétaux ; mais il arriva ce qui arrive presque toujours à la promulgation d'une doctrine nouvelle; les adeptes en poussèrent la conséquence à l'extrême; ils oublièrent ou ne savaient pas que certains fruits croissent et mûrissent très bien sans le secours de la fécondation; ils lurent la relation de Tournefort, trouvèrent l'explication du résultat de la caprification erronée et la remplacèrent par celle-ci. Ce ne sont point, dirent-ils, les piqûres des moucherons qui font grossir et mûrir les Figues; c'est la fécondation favorisée par les moucherons; voici comme cela a lieu : les moucherons en sortant des Figues sauvages qui ne contiennent que des étamines, ont les pattes et les ailes couvertes de pollen, et en entrant dans les Figues cultivées, le pollen qui entoure les pucerons féconde les ovaires contenus dans ces Figues, et de là leur grossissement et leur maturité.

Cette explication a eu cours sans controverse pendant près d'un siècle; mais en 1802, Olivier, en revenant aussi d'un voyage au Levant, a dérouté toutes les idées en disant que la caprification n'était « qu'un tribut que l'homme payait à l'ignorance et aux préjugés dans les îles de l'Archipel; que dans beaucoup de contrées du Levant, on ne connaît pas la caprification; qu'on la néglige depuis peu dans quelques îles de l'Archipel même où on la pratiquait autrefois, et que cependant on obtient partout des Figues bonnes à manger». Olivier rappelle aussi qu'en France, en Italie, en Espagne, on ne sait ce que c'est que la caprification, et que pourtant on y recueille de bonnes Figues. Depuis lors, quelques-uns pensent comme Olivier, d'autres ne pensent plus rien. Quant à moi, il ne m'est pas possible de ne rien penser, et je vais dire ce que je pense. D'abord, Olivier était académicien entomologiste et non botaniste, et un académicien n'est pas infaillible, j'en sais quelque chose. Il y a 30 ans, les savans traitaient d'absurdes toutes les pratiques routinières qu'ils ne comprenaient pas ou qu'ils ne pouvaient expliquer; aujourd'hui, ils découvrent de temps en temps la raison de quelques-unes de ces pratiques, et ils se tiennent sur la réserve, n'osant plus traiter d'absurde ce qui demain, peut-être, sera reconnu basé sur une bonne raison. Or, il n'est pas impossible que l'opération de la caprification ait été originairement le résultat d'un raisonnement plus savant que ne le pense Olivier. L'histoire de la botanique nous apprend qu'au temps de Théophraste, on connaissait les sexes des plantes, leur fécondation, la nécessité de placer des fleurs du Dattier mâle parmi les fleurs du Dattier femelle pour obtenir des fruits parfaits de celles-ci; et si Théophraste en écrivant cette opération n'a fait, comme cela est très probable, qu'enregistrer une pratique répandue dans son pays, pourquoi n'aurait-on pas su aussi qu'il y avait des Figuiers qui ne portaient que des fleurs mâles, et d'autres qui ne portaient que des fleurs femelles ? pourquoi n'aurait-on pas cherché à faire pour le Figuier ce que l'on faisait pour le Dattier ? pourquoi n'aurait-on pas reconnu que la fécondation du Figuier était presque impossible par la main de l'homme, mais que des insectes, en passant d'une Figue mâle dans une Figue femelle, l'effectuaient à merveille? pourquoi enfin n'aurait-on pas eu l'idée bien simple de favoriser, d'aider ces insectes dans leur délogement et leur relogement en établissant la caprification, puisqu'il devait en résulter le grossissement et la maturité des Figues ? Les anciens n'avaient inventé ni la poudre à canon ni les ballons, il est vrai; mais ce qui nous reste d'eux prouve qu'ils nous valaient bien sous beaucoup d'autres rapports, et Olivier me semble trop trancher du savant en affirmant que la caprification n'est qu'un tribut payé à l'ignorance et aux préjugés.

Quant à l'opinion régnante du temps de Tournefort, que c'étaient seulement les piqûres d'insectes qui faisaient tenir, grossir et mûrir les Figues, elle ne me paraît nullement fondée; elle est même contraire à ce qui se passe dans la nature. D'abord, il n'y a pas d'exemple qu'un fruit piqué par des insectes tienne mieux que celui qui ne l'a pas été; ensuite, quand une piqûre d'insecte fait grossir une partie quelconque d'un végétal, c'est toujours d'une manière anormale, monstrueuse, et on n'a jamais dit que les Figues de la Grèce fussent monstrueuses. Reste donc la maturité : les piqûres d'insectes ou le ravage de leurs larves l'accélèrent, il est vrai, mais c'est aux dépens de la qualité du fruit; et peut-on croire que les Grecs se soient donné tant de peine, tant de soin pour obtenir des Figues mûres quelques jours plus tôt aux dépens de leur qualité ? Cela n'est nullement probable. Je persiste donc à croire que la caprification a eu pour but la fécondation, et point du tout celui de faire piquer les Figues par des insectes, ni de les faire manger intérieurement par leurs larves. Voici au reste comme je conçois que la caprification a pu être nécessaire autrefois, et comment elle peut n'être plus nécessaire aujourd'hui.

La botanique a enregistré que le Figuier appelé *caprificus* ne produisait que des fleurs mâles, c'est-à-dire qu'on ne connaissait pas ses fleurs femelles. Elle a enregistré aussi que le Figuier appelé *erinosyce* était dioïque, c'est-à-dire qu'il ne produisait que des fleurs mâles sur certains individus, et que des fleurs femelles sur les autres individus. Ces deux Figuiers (Tournefort dit qu'ils n'en forment qu'un) étaient considérés comme deux espèces sauvages, et leurs fruits n'étaient pas mangeables. Nul doute que le Figuier commun ou domestique ne soit né de la femelle de l'un de ces deux Figuiers, mais quand et comment? L'histoire a eu de la mémoire pour buriner tous les monstres qui ont successivement ravagé et ensanglanté la terre, mais elle en a manqué pour nous dire quand la nature ou l'industrie nous a dotés d'un bon fruit. Consultons donc la marche de la végétation, et voyons.

Quand une plante produit une variété, cette variété a de la propension à continuer de varier dans ses descendances, et il y a telle variété dont les sous-variétés sont ou pourraient être en nombre indéfini, sans pourtant jamais perdre les principaux caractères de leur type. C'est ainsi que les caractères les plus généraux du Figuier caprifique ou érinosyce étant d'avoir le suc laiteux, les fleurs unisexuelles et renfermées dans un involucre, toutes les variétés et sous-variétés qui en sont issues conservent ces mêmes caractères fondamentaux. Tant qu'on n'a multiplié ces variétés que par graines, on a dû en obtenir simultanément des individus à fleurs toutes mâles et des individus à fleurs toutes femelles, et nous en avons la preuve dans l'Écriture, où il est dit que: tout Figuier qui ne rapporte pas de fruit doit être coupé et jeté au feu. Si les sexualistes d'aujourd'hui eussent assisté à la rédaction de ce passage de l'Écriture, ils l'eussent sans doute modifié; mais il n'en reste pas moins prouvé qu'on voyait autrefois des Figuiers cultivés qui ne donnaient pas de fruit, et que ces Figuiers ne pouvaient être que des individus mâles du Figuier cultivé ou domestique. Il m'est impossible de remonter plus haut vers l'origine des Figuiers de nos jardins, et j'abandonne l'antiquité pour arriver au temps moderne.

Depuis que la botanique descriptive met plus d'exactitude dans ses descriptions, on a trouvé qu'il y a des Figues qui contiennent les deux sexes; on a même supposé que la réunion des deux sexes dans les Figues était un fait général, et que la dioécie était une exception dans les Figuiers. La nature semble en effet varier ainsi, surtout dans nos variétés cultivées. Voici deux remarques à ce sujet: 1° les botanistes plaçant tous des fleurs mâles à trois étamines au-dessus des fleurs femelles dans la Figue, j'ai dû chercher ces fleurs mâles dans les jeunes Figues cultivées aux environs de Paris, et je n'ai pu y découvrir d'anthères; j'y ai bien vu quelque apparence de fleurs mâles, mais d'anthères, jamais. 2° Une variété du Figuier domestique est née spontanément vers 1825 dans le jardin de M. Decouflet, rue de la Santé, à Paris; cette variété avait une physionomie qui la distinguait des autres variétés. En 1832 elle a commencé à montrer des Figues; je les ai examinées avec soin et leur ai trouvé, outre des fleurs femelles, de bonnes et grosses anthères au lieu indiqué par les botanistes. Ces Figues étaient donc parfaitement monoïques, dans la meilleure condition pour venir à bien, et cependant elles tombèrent toutes au tiers de leur grosseur présumée; elles tombèrent encore dans le même état et de la même manière chaque année jusqu'en 1836, époque où le propriétaire, dégoûté d'un arbre qui ne rapportait rien, le fit arracher.

Ces deux faits déroutent un peu la science systématique, la science des savans sexualistes. En effet, on voit d'une part des Figues qui ne contiennent que des fleurs femelles, grossir, mûrir sans le secours de la fécondation, et de l'autre part, des Figues qui renferment les deux sexes et où la fécondation pourrait s'effectuer tout à son aise, tomber constamment sans pouvoir grossir ni mûrir. Les sexualistes attendaient tout le contraire; mais que faire contre deux faits positifs? Quant à moi, ma longue expérience m'ayant amené à n'admettre aucune loi sans exception, je ne trouve nullement étrange, quoique partisan des sexes et de la fécondation dans les plantes, que des Figues non fécondées, croissent et parviennent à maturité, puisque je connais de pareilles exceptions parmi les Pommes, les Poires et les Nèfles. Il est vrai que ces trois fruits sont des péricarpes, et que la Figue n'est qu'un involucre devenu charnu; mais la nature en agissant ici envers l'involucre comme elle agit envers le péricarpe montre pour la millième fois qu'elle se moque de toutes les distinctions et classifications des savans. En résumé, je crois que la caprification a été nécessaire tant qu'il n'y a eu que peu de Figuiers domestiques, et qu'à mesure que les variétés de ce Figuier se sont multipliées, il s'en est successivement trouvé de modifiés de manière que cette opération ne leur était plus nécessaire, et qu'aujourd'hui (et l'expérience le prouve), toutes nos variétés sont tellement modifiées qu'elles peuvent se passer de la caprification. Il n'y a rien d'immuable dans ce monde sublunaire, et ceux qui jugent du passé par le présent sont dans l'erreur.

Je viens de dire que la nature se moque des classifications des savans, à présent je ne ferai pas l'injure aux savans de leur dire qu'ils se moquent de la nature dans leurs classifications; mais je dirai que par des considérations systématiques qu'ils honorent cependant du beau titre de considérations philosophiques, ils font des rapprochemens si bizarres, si contraires à l'apparence des choses, que la nature doit en rire sous cape. Croirait-on, si cela n'était écrit dans un livre immortel, que le premier et le plus honorable botaniste de notre époque, a trouvé que le Figuier était de la famille de l'Ortie, que l'Ortie est le chef de la famille, et que le noble et utile Figuier doit venir humblement confesser qu'il n'est qu'une Ortie et en accepter le nom? Personne ne révère et n'honore plus que moi la mémoire de l'auteur des *ordres naturels;* mais si quelqu'un me demandait à quelle famille appartiennent l'utile Figuier et le précieux arbre à Pain, je n'oserais jamais répondre qu'ils appartiennent à la vile famille des Orties.

Tout le monde sait que le Figuier cultivé ou domestique donne deux récoltes de Figues chaque année, l'une dans l'été, et l'autre dans l'automne; tout le monde a pu observer aussi que la récolte d'automne est ordinairement plus abondante que la récolte d'été. Il est vrai, qu'à Paris, et même dès en deçà du 45 degré de latitude, la récolte d'automne mûrit rarement et seulement en partie ; mais ce n'est pas la faute du Figuier; c'est celle de la chaleur qui baisse et finit trop tôt. Sur le littoral français de la Méditerranée, les récoltes d'automne mûrissent complètement.

Le Figuier domestique n'est pas le seul arbre qui produise deux récoltes chaque année; mais sa manière de les produire me semble rare, peut-être unique; j'en ai cherché inutilement l'explication dans les auteurs que je possède, et j'ai lieu de croire qu'elle n'avait pas encore été examinée avant que je m'en occupasse. Voici donc ce que j'ai observé.

D'abord, je rappelle que le Figuier domestique commence à pousser fort tard au printemps, et qu'en conséquence ses jeunes pousses ne sont jamais exposées à être endommagées par les gelées tardives; aussi Merlet l'appelle-t-il le plus sage des arbres.

Les Figues naissent toutes sur le jeune bois qui se développe pendant l'été ; celles dites d'automne croissent, grossissent sans interruption, et mûrissent avant l'hiver dans les climats assez chauds pour cela , tandis que celles dites d'été restent à l'état rudimentaire pendant l'automne, l'hiver, une grande partie du printemps suivant, ne croissent et mûrissent que dans l'été de leur seconde année, et se trouvent alors sur du bois de l'année précédente; de sorte que quand les personnes étrangères à la physiologie végétale commencent à voir poindre les Figues d'été, ces Figues ont déjà dix ou onze mois d'existence.

Les Figues d'été et les Figues d'automne naissent donc en même saison sur le jeune bois, et toute la différence qu'il y a entre elles, c'est que celles dites d'automne ne cessent de croître depuis le moment de leur naissance jusqu'à leur maturité, ou jusqu'à ce que le froid les arrête, et que celles dites d'été restent à l'état rudimentaire jusqu'à la fin du printemps de l'année suivante.

Pour s'assurer que les Figues d'été et d'automne naissent en même saison, il faut , dans le courant de juin, examiner une jeune pousse de Figuier assez forte pour produire du fruit, et on voit dans l'aisselle de ses feuilles deux, trois et quatre protubérances de diverses grosseur, peu éloignées les unes des autres. Bientôt la plus grosse (ou les deux plus grosses) de ces protubérances se gonfle davantage , devient une jeune Figue qui grossit rapidement et tâche d'atteindre sa maturité dans l'automne. Quant aux autres protubérances, elles restent stationnaires jusqu'à la fin du printemps suivant, époque où on peut les reconnaître à la même place, les voir se développer en Figues, que nous appelons Figues d'été.

Que si on me demandait comment il se fait que, parmi ces Figues nées en même saison, les unes croissent et se développent de suite, et que les autres attendent jusqu'à la fin du printemps de l'année suivante pour croître et se développer, je répondrais qu'au fond je n'en

sais rien; mais que, d'après l'analogie, il est probable que, comme il n'y a jamais égalité parfaite nulle part, l'un des rudimens de ces Figues, l'aîné sans doute, se trouve plus favorisé
que les autres; qu'il attire et absorbe à son profit la nourriture qui leur était destinée, et les
force ainsi à rester dans un état stationnaire. On sait d'ailleurs que le droit d'aînesse
s'exerce souvent dans les végétaux.

D'après cette explication, il est nécessaire de rectifier les auteurs qui disent que les Figues d'été ou Figues-fleurs naissent sur le vieux bois : il faut dire qu'elles naissent sur le
jeune bois et mûrissent sur le vieux bois.

Le Figuier a la propriété de pulluler du pied et de vivre des siècles par sa souche. Cette
tendance à toujours repousser du pied fait que ses tiges ne vivent pas très long-temps, du
moins dans un état de fertilité, et qu'il est avantageux de couper de temps en temps les plus
anciennes pour faire de la place aux nouvelles. A Paris, une tige de Figuier est vieille à
douze ans; on en voit même peu de cet âge, parce qu'il arrive tous les huit ou dix ans un
hiver rigoureux qui les tue et oblige à les couper.

Le Figuier n'est pas difficile sur la nature de la terre; l'argile seule lui est contraire; on
le voit prospérer sur des pentes rocheuses, calcaires, gypseuses, siliceuses; dans les jardins,
on lui donne, autant que possible, une terre franche, sableuse, et quelques arrosemens co-
pieux pendant l'été. L'usage d'en lier les branches en faisceau à l'entrée de l'hiver et de les
envelopper de paille, ou de fougère suffit pour les garantir des gelées dans les hivers doux,
mais cela les préserve rarement quand le thermomètre descend à 10 ou 12 degrés au-dessous
de zéro. Il serait donc avantageux d'introduire partout aux environs de Paris la méthode
des habitans d'Argenteuil, dont je parlerai plus bas, méthode qui a encore l'avantage de
rendre le Figuier plus fertile et la cueillette plus facile.

Vu la grande quantité de variétés de Figuiers actuellement existantes, il n'y a pas de nécessité de le multiplier par semis, à moins qu'on ne desire en obtenir encore de nouvelles
variétés. On préfère multiplier celles que l'on possède, en en marcottant des branches ou
en enlevant des drageons enracinés au pied des souches. La plantation fait ordinairement
peu de progrès la première année; ce n'est que dans la seconde et la troisième qu'elle
commence à être vigoureuse.

La maturité des Figues d'été commence fin de juin ou commencement de juillet à Paris,
et dure environ un mois; on les consomme toutes à l'état frais; dans les étés pluvieux,
elles sont presque sans saveur et pourrissent promptement. Dans les années favorables,
quelques variétés mûrissent quelques Figues d'automne, mais on n'en obtient jamais assez
pour qu'elles arrivent sur les marchés. En Provence et dans le Levant, au contraire, la
récolte d'automne est généralement plus abondante que celle d'été, et ce sont plus particulièrement les Figues d'automne que l'on fait sécher en immense quantité, et qui font
l'objet d'un commerce considérable pour ces pays.

Le Figuier a la propriété de se laisser forcer facilement au moyen d'une chaleur artificielle,
et dans plusieurs maisons opulentes de l'Europe, on mange des Figues mûres deux et trois
mois avant leur époque naturelle de maturité, et on en obtient même trois récoltes par an.

Culture et mutiplication du Figuier. Si aux quarante ou cinquante variétés de Figui er domestique, cultivées et désignées chacune par un nom particulier dans le midi de la France, on ajoute les variétés sans nombre qui probablement existent en Grèce, en Asie, en Afrique, et sur lesquelles nous n'avons que des notions vagues, il faut admettre qu'on semait autrefois le Figuier beaucoup plus qu'aujourd'hui, et qu'il y a long-temps qu'on en possède un nombre considérable de différentes qualités. La latitude joue un grand rôle sur la bonté et la beauté des Figues. Celles d'Afrique sont meilleures que celles de l'Italie, lesquelles à leur tour sont meilleures que les nôtres. On rapporte que Caton, qui sans cesse prêchait la ruine de Carthage, fit enfin résoudre Rome à la troisième guerre punique en jetant au milieu du sénat des Figues venues de Carthage. Lorsqu'il vit les sénateurs se récrier sur la beauté de ces Figues, il leur dit: Eh bien, la terre où croissent ces fruits merveilleux n'est qu'à trois journées de Rome. Ainsi de belles Figues furent la cause innocente de la destruction d'une ville florissante, du massacre de ses habitans et de la disparition d'un peuple puissant. Admirons les bienfaits des conquérans.

Dans les îles de l'Archipel Grec, en Italie, en Espagne, en Provence même, on élève le Figuier en moyen arbre de plein vent sur une seule tige; aux environs de Paris, il reste en arbrisseau touffu et a besoin d'être protégé contre les fortes gelées; aussi le plante-t-on ordinairement au pied d'un mur à l'exposition du midi, et l'enveloppe-t-on de paille ou de fougère chaque année à l'entrée de l'hiver; c'est ainsi du moins qu'on traite le Figuier dans les jardins; mais à Argenteuil, village situé à trois lieues au nord de Paris, qui est le seul endroit où l'on cultive le Figuier en plein champ sur une assez grande échelle pour alimenter les marchés de la capitale de Figues fraîches dans la saison, on traite le Figuier différemment. Là on le cultive en touffe, et, par un pincement raisonné, on en fait ramifier les branches et on ne les laisse pas s'élever au-dessus de cinq à six pieds. A l'entrée de l'hiver, on ouvre des rigoles ou rayons autour de chaque touffe, on abaisse les branches dans ces rigoles, on les recouvre de terre ainsi que la souche, et le tout passe ainsi l'hiver. Au printemps on déterre les branches, on les aide à se relever, on les nettoie du bois mort, et on attend que les Figues poussent.

Quelques jardiniers de Paris cultivent le Figuier en caisse et le rentrent l'hiver dans le fond d'une orangerie où il ne demande aucun soin. Au printemps ils le sortent et l'arrosent abondamment jusqu'à la récolte. Dans quelques pays plus au nord, on plante le Figuier en pleine terre, mais on le relève en motte chaque automne pour lui faire passer l'hiver dans un cellier ou dans une cave, et à chaque printemps on le replante dans le jardin. On obtient des Figues de ces deux manières, il est vrai, mais elles sont petites et moins bonnes.

Les pépiniéristes, pour être à même de pouvoir toujours fournir de jeunes Figuiers à leurs pratiques, les cultivent en *mères*, c'est-à-dire qu'au milieu d'une planche de bonne terre, ils plantent une ligne de jeunes Figuiers à six ou huit pieds l'un de l'autre, en rabattent la tige jusque près de terre pour la faire ramifier sur la souche, couchent les jeunes pousses après un an de végétation pour les faire enraciner, et, un an après, les sèvrent et les livrent au commerce, tandis que la souche ou la *mère* en repousse d'autres qui seront aussi successivement couchées ou marcottées. Chaque hiver on butte les mères et on les couvre de litière ou de feuilles. Une mère peut fournir chaque année douze ou quinze jeunes Figuiers. pendant vingt ans et plus. Mais ce commerce est peu considérable, parce qu'on plante peu de Figuiers, et que quand on en a un pied dans son jardin, il produit de sa souche plus de drageons qu'il n'en faut pour en tirer tout le jeune plant dont on peut avoir besoin.

Le Figuier peut aussi se multiplier de bouture avec du bois d'un an ou deux, auquel il faut aussi un an ou deux pour se bien enraciner. Quant à la greffe, elle n'est pas en usage pour la multiplication du Figuier ; celle en écusson réussirait difficilement à cause de la grande abondance de suc laiteux que cet arbre répand lorsqu'on lui fait quelque incision tandis qu'il végète, et je ne sais jusqu'à quel point celle en fente aurait du succès. Si d'ailleurs on greffait le Figuier, ce ne serait guère que dans le but d'obtenir plusieurs sortes de Figues sur le même arbre.

Dans les maisons opulentes, on plante une demi-douzaine de Figuiers sur une ligne, à six pieds l'un de l'autre, et lorsqu'ils sont de force à rapporter, on bâtit un coffre ou sorte de serre en planches qui les contient tous. En novembre ou décembre, on forme une couche de fumier neuf dans cette serre, on la couvre de panneaux vitrés, on y établit un poêle, on entoure le tout d'un réchaud de bon fumier, et, au moyen de procédés connus des jardiniers pour obtenir une température élevée en lieu clos, les Figuiers, ainsi traités, donnent leurs Figues d'été dans le printemps, leurs Figues d'automne dans l'été, et celles qui devaient rester rudimentaires jusqu'à l'année suivante, grossissent et mûrissent dans l'automne.

Ennemis du Figuier. Les Figuiers cultivés en serre ou à une exposition peu aérée sont souvent attaqués par une espèce de cochenille ou galle-insecte qui se fixe sur les branches, en sucent les sucs, nuisent à leur végétation en même temps qu'ils les salissent d'une manière désagréable. Quand on s'en aperçoit, il faut les laver avec une brosse et de l'eau.

Propriété du suc et du bois de Figuier. Le suc laiteux du Figuier est âcre et caustique ; on craint celui qui tombe sur les mains ou sur la figure, comme pouvant occasioner des pustules à la peau ; en en frottant les verrues, il les guérit ordinairement. Le bois du Figuier est plucheux, et après être imbibé d'huile et saupoudré d'émeri, les ouvriers en fer s'en servent pour polir leurs ouvrages.

Qualité, propriété et conservation des Figues. Les Figues fraîches se mangent sans apprêt dès en quittant l'arbre, et pendant quatre ou cinq jours après la cueillette, si on les tient au frais sur des feuilles de vignes ou autres. Elles sont sucrées, rafraîchissantes, légèrement savoureuses, et trouvent leur place dans les desserts. On accélère leur maturité sur l'arbre en introduisant dans leur œil une petite pointe de bois trempée dans l'huile d'olive, et on dit même que cette opération les rend meilleures. Avant la parfaite maturité, les Figues ne sont pas mangeables ; séchées, elles deviennent nourrissantes, plus sucrées, et d'un usage plus général, surtout dans îles du Levant où les habitans s'en nourrissent presque exclusivement pendant plusieurs mois. Dans cette région, on en nourrit même les bestiaux, qui tous aiment beaucoup les Figues sèches.

Ce sont les Figues dites d'automne qui forment la plus grande partie des Figues sèches que l'on voit dans le commerce, et c'est en septembre que l'on fait la récolte. Au fur et à mesure qu'on les cueille, on les transporte à l'habitation où on les dépose l'une à côté de l'autre sur des claies ou sur des planches, au plus grand soleil, dans un lieu abrité, et on les rentre chaque soir dans une pièce aérée; on les retourne fréquemment, et plus la dessiccation est prompte, plus les Figues ont de qualités. Quand il survient des pluies ou que le soleil ne se montre pas au temps de la dessiccation, on est obligé d'avoir recours à la chaleur d'un four; mais, dans ce cas, les Figues ont moins de valeur. Dans l'une et l'autre circonstance, il est toujours nécessaire de faire un triage et de former deux ou trois lots représentant autant de qualités différentes dans toutes ces Figues.

Quelque bien séchées que soient les Figues, elles se conservent difficilement bonnes au-delà du mois de mai; alors elles perdent leur saveur, leur suc, et il s'engendre souvent dans leur intérieur une espèce de petite teigne qui les altère et en dégoûte. De cette petite teigne naît une phalène, longue de quatre lignes, à ailes grises marquées de points rougeâtres et de lignes transversales d'un blanc jaunâtre.

Tout le monde sait la grande consommation de Figues sèches qui se fait dans tous les pays. C'est l'objet d'un commerce considérable dont Marseille est le principal entrepôt. La culture et la dessiccation des Figues forment la richesse des terres méditerranéennes comme celle de la vigne ou du blé la forme pour d'autres contrées.

Figue blanche ronde.

De l'Imprimerie de Langlois.

Bouquet Sc.

FIGUE BLANCHE RONDE.

Ficus carica. Poit. et Turp.

ÉNÉRALEMENT, c'est la Figue blanche ronde que l'on cultive le plus à Paris et dans ses environs; c'est celle que l'on cultive exclusivement à Argenteuil, et qui abonde sur les marchés de la capitale, dans le courant de juillet. Mais il est probable qu'anciennement on cultivait sous le 49e degré diverses sortes de Figues qu'on n'y voit plus aujourd'hui; car les livres de Merlet et de La Quintinye contiennent plusieurs noms qui maintenant n'ont plus d'application dans nos jardins. On peut croire que la curiosité, ou plutôt la réputation qu'elles ont dans le midi, les avait fait introduire chez nous, mais que notre basse température ne pouvant pas les amener à acquérir toute leur perfection, on en aura abandonné la culture. Aujourd'hui, on n'estime plus guère à Paris, que la blanche ronde et la blanche longue, la première pour la récolte d'été, et la seconde pour la récolte d'automne.

Il ne faut pourtant pas prendre trop à la lettre le nom de blanche ronde, car la Figue qui en est l'objet n'est tout-à-fait ni blanche ni ronde; il y a même des Figues beaucoup plus rondes qu'elles. Quant à la blancheur, c'est une nuance entre le vert clair et le jaune que l'on a voulu désigner, et non un blanc véritable. Cette Figue représente donc une forme turbinée, de moyenne grosseur relativement aux autres variétés, et la couleur, au temps de la maturité, est un vert jaunâtre.

C'est ordinairement de la fin de juin à la fin de juillet que ce Figuier donne sa récolte d'été, et que ses Figues mûrissent successivement pendant environ un mois. On reconnaît qu'elles sont mûres en ce que leur suc âcre et laiteux est changé en une eau limpide et sucrée; qu'elles ont pris une couleur jaunâtre, sont devenues molles, charnues et pendantes. Elles mûrissent d'un jour à l'autre, tomberaient la plupart vers le troisième jour si on ne les cueillait pas; elles exigent qu'on les touche avec ménagement, qu'on les place dans des paniers sur des feuilles de vignes, et qu'on les tienne en lieu frais jusqu'à la consommation.

Quelques personnes aiment beaucoup les Figues fraîches, d'autres trouvent que c'est un fruit fade et n'en font aucun cas. C'est surtout dans les étés pluvieux que les Figues en effet manquent plus ou moins de la saveur qui les rend délicieuses dans l'orient.

Quoiqu'il n'y ait qu'une commune aux environs de Paris où l'on cultive le Figuier particulièrement pour fournir des Figues aux marchés de la capitale, cette seule commune en fournit cependant assez pour qu'on voie chaque année beaucoup de Figues se gâter, sur l'étalage des fruitières, faute d'acheteurs, ce qui prouve que le goût des Parisiens pour cette sorte de fruit n'est ni très vif ni très général.

Quant aux Figues d'automne, on n'en voit jamais sur les marchés de Paris. Quelques curieux en obtiennent cependant un peu, en sacrifiant une partie de celles d'été, et en pinçant les jeunes pousses dans le courant de juin et juillet pour hâter le grossissement des Figues d'automne. Il y a même quelques années où la chaleur se prolonge assez pour permettre à quelques-unes de ces dernières Figues de mûrir naturellement; mais cela arrive rarement à Paris pour la Figue blanche ronde figurée ci-contre. En revanche on en obtient aisément trois récoltes chaque année, au moyen de la culture forcée.

La Figue blanche longue est beaucoup moins cultivée que la précédente. On l'estime peu, mais on y tient encore, parce que ses fruits d'automne mûrissent plus facilement que la Figue blanche ronde.

On distingue les Figuiers à fruit blanc des Figuiers à fruit violet, en ce que les premiers ont les feuilles plus larges, simplement trilobées, tandis que les seconds les ont profondément divisées en un plus grand nombre de lobes plus longs et plus étroits. Au reste, en 1544, Valérius Cordus avait déjà décrit et nommé dix variétés de Figuiers à fruit rond, long, vert, blanc et jaunâtre, et un plus grand nombre à fruit également rond et long, mais violet, rouge, bleu et noir.

Figue de Bordeaux (violette)

De l'Imprimerie de Langlois.

Bocourt sculp.

FIGUE DE BORDEAUX.

Ficus Burdigalensis. Poit. et Turp.

APRÈS avoir bien examiné le mérite des douze ou quinze sortes de Figues qu'il cultivait pour la table de Louis XIV, La Quintinye finit par conseiller de s'en tenir à la culture des *Bonnes-Blanches*, c'est-à-dire aux deux Figues blanches, ronde et longue. Mais à quoi servent les conseils contre le goût et la curiosité? Il a fallu que le temps et l'expérience approuvassent le jugement de La Quintinye; encore la réforme n'a-t-elle pas été complète, puisque plusieurs catalogues marchands continuent de relater dans leurs colonnes des Figues frappées de proscription par ce législateur pomologue.

Peut-être aussi que deux Figues violettes méritaient une exception: de ces deux Figues l'une est ronde et l'autre longue. C'est cette dernière qui est figurée ici, et de laquelle je vais dire deux mots.

D'abord je rappelle que Tournefort la connaissait, qu'il l'a désignée assez bien par une petite phrase latine, selon l'usage des botanistes, et qu'il lui a conservé le nom de Figue Angélique qu'elle portait déjà. Labretonnerie a respecté la nomenclature de Tournefort et je l'en félicite. Vint ensuite Duhamel qui, sans dire pourquoi, a transporté le nom d'Angélique à une petite Figue brune que Tournefort avait nommée Melette et Coucourelle. Enfin arrive Bosc qui, trouvant que l'affaire n'était pas encore assez embrouillée, se joint à Merlet, et applique le nom d'Angélique à une Figue jaune. Que faire dans un pareil conflit? Lisons encore. Ah! je trouve dans Merlet: *Figue violette, longue, très grosse, appelée Goureau, ou Figue-Poire, ou Figue de Bordeaux, se mange en septembre.* Je n'en veux pas davantage; Tournefort fera ce qu'il pourra de son Angélique, moi je m'en tiens au Bordeaux et vais voler de mes propres ailes.

On saura donc que le Figuier de Bordeaux, qui par parenthèse n'est pas de Bordeaux, devient plus grand et moins touffu dans nos jardins que le Figuier à fruit blanc; que ses feuilles sont beaucoup plus découpées et le font reconnaître à une certaine distance; qu'en approchant de plus près, on remarque que les unes ont le pétiole glabre, et que les autres l'ont velu.

Le fruit, peu abondant dans la récolte d'été, est plus nombreux dans la récolte d'automne, et c'est sur cette dernière que l'on compte le plus en cultivant le Figuier de Bordeaux aux environs de Paris. Toujours sa Figue est longue, figurée en poire comme la représente le

dessin ci-joint, verdâtre du côté de la queue, violette dans tout le reste, plus ou moins cannelée et marquée de points blancs ou jaunes allongés. La chair est violâtre sous la peau, à-
peu-près fauve dans le reste ; parmi les graines, on en trouve qui sont également fauves et
d'autres rougeâtres. Quant à sa succulence, je ne l'ai jamais trouvée merveilleuse, quoique
quelques personnes m'en aient dit du bien. Je sais d'ailleurs que les goûts sont partagés sur
le mérite de cette Figue.

Après la Figue de Bordeaux, je dois dire quelque chose de la Figue violette de Duhamel,
qui pourrait bien n'être pas celle que Tournefort a décrite sous ce nom.

Je fais remarquer d'abord qu'elle est encore moins cultivée que celle de Bordeaux ; je ne
la connais qu'au potager de Versailles, où l'on est en quelque sorte obligé d'avoir de tout.
Le Figuier qui la produit devient moins grand et plus touffu que le Figuier de Bordeaux ;
ses feuilles sont plus petites, mais également plus profondément incisées que dans les
Figuiers à fruit blanc.

Les Figues sont violettes, arrondies, très nombreuses, surtout à la seconde saison, et
n'atteignent qu'environ 18 lignes de diamètre ; leur chair passe du blanc au rouge léger, et
les graines prennent un rouge foncé. Elles m'ont toujours semblé meilleures que la Figue de
Bordeaux.